中国城市风险管理服务体系建设蓝皮书

网络食品安全风险研究报告 2017

曹　裕　万光羽/著

国家行政学院城市公共安全风险管理研究课题组
中南大学食品安全与政策分析研究课题组

科 学 出 版 社
北 京

内 容 简 介

《网络食品安全风险研究报告 2017》共分为三篇。第一篇从网络食品市场销售、网络食品欺诈与质量安全、网络食品舆情风险与信用危机、网络食品安全监管风险等方面梳理了 2016 年网络食品安全的基本状况。第二篇聚焦网络食品安全监管的进展，具体从网络食品安全法制推进的进展、网络食品安全政府信息公开的进展、网络食品安全监管模式的进展等方面着手，尤其关注跨境电商食品安全政策进展。第三篇针对网络食品安全与公共治理展开研究，分析了中国网络食品安全多元共治体系，进行了网络食品风险的预警研究，提出了网络食品安全应急管理措施，并对网络食品安全未来发展趋势进行探索。

本报告适用对象较广，包括为政府各个执行部门、监管部门等参与食品安全社会治理决策提供参考资料、数据支持、研究基础，对高等院校食品安全相关研究领域、社会风险治理等课题研究提供教学、数据参考，以及供广大消费者、食品行业、食品企业、食品相关媒体栏目等阅读参考。

图书在版编目（CIP）数据

网络食品安全风险研究报告 2017/曹裕，万光羽著. —北京：科学出版社，2017.11

ISBN 978-7-03-054330-1

Ⅰ. ①网… Ⅱ. ①曹…②万… Ⅲ. ①网上购物–食品安全–风险管理–研究报告–中国 Ⅳ. ①TS201.6

中国版本图书馆 CIP 数据核字（2017）第 216860 号

责任编辑：徐 倩／责任校对：王晓茜
责任印制：吴兆东／封面设计：无极书装

科 学 出 版 社 出版
北京东黄城根北街 16 号
邮政编码：100717
http://www.sciencep.com

北京京华虎彩印刷有限公司 印刷
科学出版社发行 各地新华书店经销
＊

2017 年 11 月第 一 版 开本：787×1092 1/16
2018 年 1 月第二次印刷 印张：12 1/2
字数：244 000

定价：88.00 元

作 者 简 介

　　曹裕，中南大学商学院副教授、博士生导师，共青团中南大学委员会副书记，曾赴新加坡国立大学进修和访问，长期从事企业可持续运作管理和食品安全社会治理方面研究，主持包括国家自然科学基金项目、湖南省自然科学基金重点项目、湖南省社会科学成果评审委员会重大课题在内的项目30多项，长期担任 *European Journal of Operational Research*、《管理科学学报》等国内外期刊的审稿人。在国内外主流学术期刊上共发表论文60余篇，其中SCI/SSCI检索18篇，CSSCI检索40余篇。

　　万光羽，湖南大学经济与贸易学院助理教授，新加坡南洋理工大学管理学博士，新加坡管理大学商学院博士后，主要从事供应链优化、激励机制设计研究。在国内外主流学术期刊上共发表论文10余篇，其中SCI/ESI检索期刊2篇，CSSCI检索8篇，多次参加POMS、INFORMS等国内外顶级学术会议。

中国城市风险管理服务体系建设蓝皮书　　编委会

前　言

对于食品供应链而言，互联网的高速发展拉近了生产者与消费者的距离，同时也放大了网购食品行业的市场缺陷，致使各类食品安全事件易发、频发。网络食品商家经营不规范，食品质量难以保证，欺诈售假、违规添加等劣行更是时有出现，对消费者身心健康和生命安全构成较大的威胁与隐患。为了全面翔实地研究网络食品风险现状，探索网络食品风险治理路径，国家行政学院城市公共安全风险管理研究课题组发起了 2017 年我国网络食品安全风险研究报告的研究与出版工作。中南大学食品安全与政策分析研究课题组在相关领导、老师的指导与支持下多方调研，几易其稿，完成了《网络食品安全风险研究报告 2017》。

本报告的第一篇从供应链视角描述我国网购食品安全的风险现状，以消费者为研究主体进行数据收集，对我国网购食品的风险现状进行了分析与描述；第二篇从社会监管角度探讨我国网购食品安全风险监管的进展与不足；第三篇通过构建网购食品安全风险评估体系，对网购食品安全的风险治理提出展望。

本报告依照概述全貌、突出重点、数据求真、面向公众的原则，致力于网络食品安全监管工作的推进，推动我国网络食品安全风险治理体系的构建。其特色在于，既有网络食品安全风险总体情况的分析，又有聚焦网络食品安全风险的热点问题；既有数据挖掘，又有典型案例的剖析；既归纳传统食品安全风险的进展情况，又探讨网络食品安全风险的治理，集中体现网络食品安全风险治理的主题，既可作为学界同仁的重要学术资料，又能为生产经营者、消费者与政府提供充分的网络食品安全风险信息。本报告对探索构建网络食品安全风险评估体系具有积极作用，对我国职能部门决策方式转变和决策水平提高将具有定向的参考意义。

希望本报告能为我国网络食品安全风险防控与治理工作提供一些直观的研究资料，能为我国网络食品安全及其风险管理的理论与实践工作起到良好的推动作用，为改善网络食品质量安全、提升我国食品安全水平、保障人民健康做出贡献。

佘　廉

2017 年 6 月

目　　录

第二篇 网络食品安全监管的进展

第一篇　2016 年网络食品安全的基本状况

第1章　2016年网络食品市场销售

1.1　网络食品与食品安全

1.1.1　食品的定义与分类

根据 1994 年 12 月 1 日实施的国家标准《食品工业基本术语》中的 2.1 条，食品是指：可供人类食用或饮用的物质，包括加工食品、半成品和未加工食品，不包括烟草或只作药品用的物质。1995 年 10 月 30 日起实施的《中华人民共和国食品卫生法》进一步将食品定义为：各种供人食用或者饮用的成品和原料以及按照传统既是食品又是药品的物品，但是不包括以治疗为目的的物品。而 2015 年 10 月 1 日起实施的《中华人民共和国食品安全法》（以下简称《食品安全法》）明确地将食品定义为：各种供人食用或者饮用的成品和原料以及按照传统既是食品又是中药材的物品，但是不包括以治疗为目的物品。本报告中所指的食品均是采用《食品安全法》中的定义。

食品种类繁多，分类方法也多种多样。根据《全国主要产品分类与代码》，可以将食品分为农林（牧）渔业产品、加工食品、饮料和烟草四大类。其中农林（牧）渔业产品可以分为种植业产品、活的动物和动物产品、鱼和其他渔业产品三类。加工食品可以分为肉、水产品、水果、蔬菜、油脂等类加工品，乳制品，谷物碾磨加工品、淀粉和淀粉制品、豆制品、其他食品和食品添加剂、加工饲料和饲料添加剂。而根据《国家食品药品监督管理总局关于启用新版〈食品生产许可证〉的公告》（2015 年第 198 号）相关要求，食品种类可以分为：粮食加工品，食用油、油脂及其制品，调味品，肉制品，乳制品，饮料，方便食品，饼干，罐头，冷冻饮品，速冻食品，薯类和膨化食品，糖果制品，茶叶及相关制品，酒类，蔬菜制品，水果制品，炒货食品及坚果制品，蛋制品，可可及焙烤咖啡产品，食糖，水产制品，淀粉及淀粉制品，糕点，豆制品，蜂产品，保健食品，特殊医学用途配方食品，婴幼儿配方食品，特殊膳食食品，其他食品等。

1.1.2　网络食品市场的定义、特征与模式

1. 网络食品市场的定义与特征

随着互联网技术的发展，民众对食品的消费意识和消费方式发生了翻天覆地的变化，食品销售的渠道进一步扩展，主要包括线下与线上两种销售模式，形成了线下和线上两类食品交易市场。线下食品市场是指在固定地点的实体店里，面对面地销售食品实物的食品市场。而线上食品市场则是指通过互联网平台进行食品交易的虚拟市场。本报告中所指的网络食品市场就是指线上食品市场。尽管食品的种类繁多，原则上均可以通过网络进行销售，但是由于食品具有易腐性、季节性、周期性等特征，在网络食品市场中，主要以销售休闲食品、生

鲜食品、酒水饮料、外卖等①几类食品为主。同时，网络食品市场具有以下特征。

（1）交易方式为网上交易。网络食品市场最基本的特征就是买卖双方在网上进行食品交易，这种交易行为具有虚拟性、不确定性和隐蔽性。互联网的广泛应用明显加速了经济全球化进程，不同国家和地域的卖家与买家可利用互联网商谈食品买卖，消除了地域和时间上的障碍。

（2）经营方式为虚拟店铺经营。网络食品市场中的商家店铺都是虚拟的，它不需要门店，不需要装修，不需要摆设，不需要摆放实体商品，更不需要售货员，只需要在网络食品市场申请开店，请专业人士进行网页设计，再摆上所售食品图片，由客服人员与买家进行沟通交流，在支付平台上进行收付款即可达成交易。

（3）网上食品种类繁多。网络食品市场提供的食品种类丰富多样，全国各地甚至是全世界各地区的食品基本都可在网络食品市场买得到，网络食品市场几乎涵盖了所有食品范畴，且往往同一种食品有多个商家同时售卖，消费者选择余地大，可选择面也非常宽。

（4）全天候经营，食品颇具新鲜时尚感。网络食品市场汇集了海内外各个地区的食品，每个地区的食品都有其独有的口味和特色，网购食品消费者可以根据自己的口味挑选喜欢的食品，这种品尝美食的过程充满了时尚新鲜感，而且"互联网＋食品"的消费方式突破了传统食品市场在时间和地域上的限制，网购食品消费者可随时随地购买心仪的食品，而网络食品经营主体通常可以一天 24 小时，一年 365 天持续营业，这种无时间限制的消费与经营方式受到了无数年轻人的追捧，特别是对于出行不便或者平时工作繁忙、生活节奏快以至于没有时间购物的人来说有着巨大的吸引力。

（5）成本低廉，价格实惠。在网络食品市场开店经营不需要店面租金、装修费、水电费、营业税及人事管理费用等，为商家大幅度缩减了成本，而商家通过这种方式将节省的成本优势让渡给消费者，因此提供的食品相对于实体店来说要便宜许多，例如，在"饿了么"平台上订餐常常可以使用红包抵扣，这在一定程度上满足了消费者选择物美价廉食品的心理，而价格往往是影响消费者决策的关键因素之一。此外，对于消费者来说，在网上购买食品，节省了去实体餐馆的出行时间和等待时间以及出行费用，这种便利性极大地迎合了现代都市人的快节奏生活。

2. 网络食品销售的平台与模式

目前，我国网络食品销售平台主要可分为四类。第一类为综合类电商平台，在传统的 B2C 综合类电商平台上，食品类卖家入驻，依靠其强大的用户群体基础迅速成长为十分重要的网络食品销售平台。例如，"淘宝""京东""1 号店"等均已成为用户份额巨大的网络食品销售平台。第二类为垂直化电商平台。以"中粮我买网"为代表的垂直化食品电商平台，以其更专业、更安全、更新鲜等特点，形成了独特的体系，"沱沱工社""顺丰优选""中粮我买网"等平台在网络食品销售中占据十分重要的位置。第三类为食品宅配平台。近年来"O2O"模式的外卖平台迅速崛起，使其在食品的网络销售中占据着不小的份额。例如，"饿了么""美团外卖""百度外卖"等平台凭借其打通线上线下的优势，已成为网络食品销售的重要组成部分。第四类为微商平台。随着微信的广泛使用，微信公众号、

---

① 京东超市 2016 年食品饮料销售大数据新鲜出炉. 博思网（2017-01-15）：http://www.bosidata.com/news/Q875047VUF.html.

"朋友圈"也成为新型的网络食品交易平台,所占份额也呈增长之势。

目前,网络食品的销售主要依赖于电商平台,因此其销售模式也与其近似,主要模式如下所示。

(1) B2C 模式。B2C (business to consumer),即"商对客"模式,商家直接面向消费者销售产品和服务。网络食品依靠传统电商搭建的平台,在食品的销售领域将商家和客户相连接,无论是综合类电商平台还是垂直化的电商平台都是基于此模式。如各食品生产商在电商平台运营旗舰店的销售模式为 B2C 模式。

(2) O2O 模式。O2O (online to offline),即将线下商务机会与互联网结合在一起,让互联网成为线下交易的前台。食品的宅配平台将消费者对食品的线上选购和线下服务相结合,如"饿了么""美团外卖""百度外卖"等外卖平台充分利用线下的食品供应资源、消费需求和线上的选购优势,让众多食品制作者选择采用该模式进行食品销售。

(3) C2C 模式。C2C (customer to consumer),即个人与个人之间的电子商务。该模式下的网络食品交易多在社交媒体上进行,多为个人与个人之间的交易行为。如在微信订购"私房蛋糕"和"秘制美食"等行为都是个人之间的食品交易,该种模式下的网络食品销售更加具有隐秘性,但其灵活性的特点仍让该模式充满活力。

1.1.3　食品安全与食品风险

根据世界卫生组织的定义,食品安全是指食品中不应当含有可能损害或者威胁人体健康的有毒、有害物质或者因素,从而导致消费者急性或者慢性毒害感染疾病,或者产生危及消费者及后代健康的隐患[①]。2015 年开始实施的《食品安全法》第十章附则第一百五十条规定:食品安全,指食品无毒、无害,符合应当有的营养要求,对人体健康不造成任何急性、亚急性或者慢性危害。食品安全要求食品对人体健康造成急性或慢性损害的所有危险都不存在,是一个绝对的概念,该概念表明,食品安全既包括生产的安全,又包括经营的安全;既包括结果的安全,又包括过程的安全;既包括现实的安全,又包括未来的安全。

近年来,食品安全问题受到社会各界的广泛关注和重视,特别是一系列食品安全事件的爆发,使其成为全社会关注度最高的热点问题之一。在 2006~2015 年发生的食品安全事件中,约 75.50% 的事件是由人为因素导致的。其中违规使用添加剂引发的事件最多,占总数的 34.36%,其他依次为造假或欺诈、使用过期原料或出售过期产品、无证或无照的生产经营、非法添加违禁物,分别占总量的 13.53%、11.07%、8.99%、4.38%。在非人为因素所产生的事件中,含有致病微生物或菌落总数超标引发的事件最多,占总量的 10.44%,其他因素依次为农兽药残留、重金属超标、物理性异物,分别占总量的 8.19%、6.71%、2.33%[②]。因此,法治保障、技术支撑、产管并重、多策并施、综合治理,最大限度地治理人源性的食品安全事件成为现阶段治理食品风险的难点与重点。

当食品安全问题频发并积累到一定程度便会酿成食品风险。食品风险是指发生食品不安

---

① 田毅. 食品安全风险的行政法规制. 沈阳:辽宁大学硕士学位论文,2016.

② 我国食品安全基本态势与风险治理. 中青理论网 (2017-06-08):http://theory.cyol.com/content/2017-06/08/content_16165968.htm.

全事件的可能性和严重性[①]。环境保护工作滞后、食品从业人员的道德风险意识薄弱、食品市场失灵和政府规制失灵、食品安全技术支撑体系落后、公众日常食品安全知识贫乏等因素都有可能导致食品风险。江南大学食品安全风险治理研究院基于熵权的模糊层次分析模型的研究表明，2006～2015 年我国的食品风险熵权值一路下行的态势非常明显，食品风险的总体状况在 2009 年由高风险状态进入中风险状态，2011 年进入低风险状态，2012 年之后一直稳定处于相对安全的低风险状态。英国《经济学人》智库发布的《2015 年全球食品安全指数报告》显示，在 109 个被评估的国家中，中国综合排名位居第 42 位，总体状况处于世界中上游，处在发展中国家前列。可见，"总体稳定、趋势向好"是目前我国食品安全状况的基本态势[②]。

党的十八大以来，有效的食品风险治理体系正在形成，这是我国食品安全状况呈现"总体稳定、趋势向好"总体格局的基本保证。

1. 与发展阶段相适应的顶层设计基本完成

2013 年 3 月，中央实施了新一轮的食品药品监管体制改革。2013 年 11 月，党的十八届三中全会提出了食品安全等方面的体制机制改革任务。2014 年 10 月，党的十八届四中全会提出了加强公共安全立法、推进公共安全法治化的要求。2015 年 10 月，党的十八届五中全会做出了建设"健康中国"、实施"食品安全战略"的重大决策。2015 年 10 月 1 日，被称为"史上最严"的《食品安全法》正式实施，确立了食品风险"社会共治"的原则。

2. 食品安全法治体系基本形成

与《食品安全法》相适应，中央和地方层面的配套法律法规修订工作相继推进。从国家层面来看，国家食品药品监督管理总局（以下简称国家食药监总局）等相关部门出台了《食品生产许可管理办法》《食品召回管理办法》等 12 部配套规章和近 20 项重要配套规范性文件。在地方层面，截至 2016 年 12 月，内蒙古、陕西、广东、河北、江苏、湖北、青海、云南、天津、辽宁、甘肃、重庆、四川、江西、湖南、黑龙江等 16 个省（自治区、直辖市）出台了食品"三小"（小作坊、小餐饮、小摊贩）监管的地方性法规。

3. 依法惩处食品安全犯罪取得明显成效

各级行政机关与司法机关通力合作，依法惩处食品安全的违法犯罪行为。2015 年，国家食药监总局挂牌督办重大违法案件 364 件，分别与最高人民检察院、公安部联合督办涉嫌犯罪案件 13 件、266 件。2016 年，全国公安机关全年共破获食品犯罪案件 1.2 万件，药品犯罪案件 8500 件，公安部挂牌督办的 350 余件案件全部告破，铲除了一批制假售假的黑工厂、黑作坊、黑窝点、黑市场，摧毁了一批制假售假的犯罪网络。2016 年，全国检察机关严惩危害食品药品安全犯罪，建议食品药品监管部门（以下简称食药监部门）移送涉嫌犯罪案件 1591 件，起诉危害食品药品安全犯罪嫌疑人 11958 人。

4. 科学规范的食品安全标准体系逐步建立

"十二五"期间，我国初步构建起较为完善的食品安全国家标准框架体系。建立并完

---

① 于瑞敏，杨会锁，王民，等. 某野外集训部队食品原料的风险监测及评估. 解放军预防医学杂志，2013，31（3）：207-210.
② 2015 年全球食品安全指数报告. 腾讯新闻网（2015-07-17）：http://news.qq.com/a/20150717/030665.htm.

善了标准管理制度，清理整合了近 5000 项食品标准，解决了长期以来食品标准之间交叉、重复、矛盾等问题；制定并公布了 926 项新的食品安全国家标准，涵盖 1 万余项参数指标，基本覆盖所有食品类别和主要危害因素。

5. 食品风险监测与评估体系日趋完善

目前，国家、省级、地市级和县（区）级四层架构形成的立体化监测网络已建立。全国已设立风险监测点 2656 个，覆盖所有省、地市和 92%的县级行政区域，建成了覆盖全部县级行政区域的食源性疾病监测报告系统，设置主动监测哨点医院 3883 家。食品风险监测品种涉及 30 大类食品，囊括 300 余项指标，累积获得超过 1500 万个监测数据，初步建立了国家食品风险监测数据库。

1.2 网络食品市场销售现状

中国互联网络信息中心的数据显示，2016 年中国网络购物总规模已超过 30000 亿元，网购食品的交易总额为 750 亿元，占总交易额的 2.5%，成为网络交易市场重要的销售产品之一。本节将重点介绍网络食品市场中休闲食品、生鲜食品、酒水饮料、外卖四类产品的销售状况。

1.2.1 休闲食品网络销售现状

休闲食品属于快速消费品，是在人们闲暇、休息时所吃的食品。由于其较低的零售价格，休闲食品成为消费者在可支配收入小幅增长情况下倾向购买的主要食品之一，这种趋势在可支配收入较低的三四线城市和农村地区尤为突出，尤其在中国传统节假日期间，休闲食品的销售量最大。目前，休闲食品主要包括干果、膨化食品、糖果、肉制食品等。本小节主要从销售规模、核心产品、地域分布、消费特征四个方面整体概述网络休闲食品的销售现状。

1. 销售规模

在消费升级和工作节奏加快的基础上，消费者更趋向于方便快捷的购买方式。网购具有便宜、快捷、直接送上门的优势，所以，网购休闲食品已成为消费者所喜欢的一种购物方式。虽然，线下购买仍是主流购买渠道，但是网购渠道也在快速崛起。目前，我国休闲食品零售行业主要有四类模式，即个体经营零售模式、超市卖场零售模式、连锁零售模式、电子商务销售模式。中商产业研究院的统计数据显示，2014~2016 年中国休闲食品电商市场的交易额呈现出稳定上升的趋势，其中 2016 年我国休闲食品电商销售规模约为 594 亿元，占休闲食品总销售额的 79.2%，是网络食品市场最主要的销售产品，如图 1-1 所示。按照现阶段休闲食品的销售趋势，预计到 2019 年，网络休闲食品的销售比率将达到 6.3%，其网购销售额将超过 2000 亿元。这一估值也同阿里平台的数据相印证，《中国线上零食消费趋势报告》显示，2016 年，休闲食品占整个食品行业在线销售额已超三成，而休闲食品线上成交人数已经超过 200 万人[①]。

---

① 休闲食品电商的尴尬：表面风光利润惨淡. 新蓝网（2016-06-28）：http://n.cztv.com/news/12114101.html.

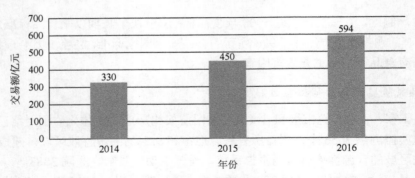

图 1-1　2014～2016 年中国休闲食品电商市场的交易额

数据来源：中商产业研究院

2. 核心产品

休闲食品的种类很多，包含干果、膨化食品、糖果、肉制食品等。从休闲食品各细分品类网络销售额占比的数据来看，坚果、蜜饯果干和糕点是最受欢迎的品类，分别占比19.20%、18.40%、17.10%，如图 1-2 所示。在人们越来越关注健康的大前提下，坚果以其富含蛋白质、油脂、矿物质、维生素的特点深受消费者喜爱。膨化食品、肉脯、糖果在健康方面虽不及坚果，但是这些均属常见的传统休闲食品，具备一定的市场潜力。

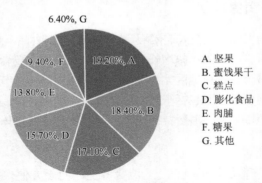

A. 坚果
B. 蜜饯果干
C. 糕点
D. 膨化食品
E. 肉脯
F. 糖果
G. 其他

图 1-2　2016 年各类休闲食品网络销售额所占比例

数据来源：速途研究院

从 2016 年全网"双十一"销售额排名前十的店铺来看，国内休闲食品电商已呈现三足鼎立的格局，主要由良品铺子、三只松鼠和百草味领衔，其 2016 年的网络销售额分别达到 60 亿元、55 亿元、50 亿元，如表 1-1 所示。随后的天猫超市、楼兰蜜语、费列罗、周黑鸭、来伊份、德芙、COSTCO 的交易指数均以倍数之差落后于前三位。

表 1-1　三大坚果电商 2015～2016 年销售额

年份	三只松鼠销售额/亿元	百草味销售额/亿元	良品铺子销售额/亿元
2015	25	20	45
2016	55	50	60

数据来源：联商资讯

3．地域分布

《中国线上零食消费趋势报告》显示，我国休闲食品网络消费格局以沿海发达一二线城市为主，零食消费前五的省份分别是浙江、江苏、广东、上海、北京，三四线城市的消费力度也在逐步上升，存在良好的市场发展潜力，如表 1-2 所示。形成这种格局的主要原因一方面是发达城市的人均收入水平较高且生活工作节奏快，同时这样的快节奏需要方便快捷的购买渠道来迎合；另一方面是一二线城市电子商务普及率高。此外，从表 1-2 还可知，销售额增速最快的五个省（自治区）依次为西藏、甘肃、青海、宁夏和山西，可见网络食品市场已逐步成为欠发达地区的主要交易渠道。

表 1-2　零食销售额占比前五省（直辖市）及销售额增速前五省（自治区）

销售额占比前五省（直辖市）		销售额增速前五省（自治区）	
1	浙江	1	西藏
2	江苏	2	甘肃
3	广东	3	青海
4	上海	4	宁夏
5	北京	5	山西

数据来源：《中国线上零食消费趋势报告》

图 1-3 主要展示了我国近年来休闲食品电商交易规模情况。从图中可以看出，2014～2017 年我国休闲食品电商交易规模快速增长，一方面人们生活水平提高，有能力消费休闲食品，另一方面休闲食品本身美味和具有补充微量元素的功能，如坚果，适当食用对身体有益，加上目前互联网技术不断发展，引起了网上休闲食品的销售热潮，吸引了熟练使用各种移动互联网的消费群体。因此，整个休闲食品电商交易规模呈增长变化。

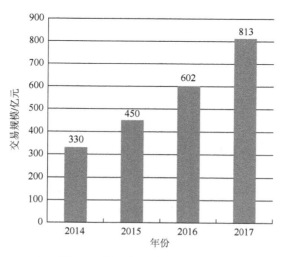

图 1-3　休闲食品电商交易规模

数据来源：速途研究院《2017 年第一季度休闲食品电商分析报告》

4. 消费特征

目前，我国网络休闲食品的销售呈现出以下特征。

（1）重复购买率高。我国的休闲食品网络销售具有重复购买率高的特点，存在零食消费习惯的消费者往往每周都会购买，网购比频繁去线下实体店方便，减少了挑选货物与去实体店的时间，且网购的物流成本相对不高，有强烈的分享性，容易快速扩散。

（2）女性消费者是绝对购买主力。休闲食品消费在性别上有着非常明显的差异，女性消费者是绝对购买主力。据尼尔森分析，对于零食，全球范围内女性消费高于男性，且女性对零食的消费意愿远远高于男性。易观智库资料显示，女性消费者不仅在购买人数上超过男性消费者，且购买力要比男性购买力度高 25%左右。

（3）"80 后"、"90 后"为休闲食品网络主要群体。从休闲食品网络消费者年龄分布来看，28~38 岁消费者占比近 50%，18~27 岁消费者占比近 25%。由此可以看出"80 后"、"90 后"的消费者总占比近 75%，这是因为年轻人消费具有冲动性和超前性，往往比较容易购买食品，故成为网购休闲食品的主力军。

（4）白领为零食电商消费的主要人群。休闲零食的网购消费者职业分布较广，包括白领人士、事业机关人员、自由职业者、家庭主妇及退休人员等。零食电商消费者中白领人士占比近 47%，接近零食网络消费者的一半人数。这是因为对于白领消费者来说他们的诉求特征刚好与网购渠道性价比高、有个性、方便快捷的特点相符合。

1.2.2　生鲜食品网络销售现状

关于生鲜食品的概念目前界定不统一，它起源于外贸零售企业，经过几十年的快速发展，由于其经营项目和形式有很大差异，业内人士对生鲜食品解释也存在较大差异。通常具有代表性的生鲜食品称为"生鲜三品"，即果蔬、肉类和水产品。这类商品基本上只做必要的保鲜和简单整理就可上架出售，未经烹调、制作等深加工过程，因此可归于生鲜食品类的初级产品。如果再加上由西式生鲜制品衍生而来的面包和熟食等现场加工品类，那么与初级产品合称为"生鲜五品"。

本小节主要从以下几个方面来阐述生鲜食品网络销售的现状，包括销售规模、核心产品、购买平台、消费特征。

1. 销售规模

在消费升级的驱动下，近年来我国生鲜食品网络销售市场发展迅速，尽管网络生鲜食品的销售量仅占我国农产品销售总量的 2%~3%，但越来越多的创业者和行业巨头加入生鲜电商市场。例如，有 30 年食品行业经验的天天果园，是一家基于互联网技术的现代鲜果服务供应商，提供高品质鲜果产品和个性化鲜果服务；腾讯投资的每日优鲜，打造一个围绕着老百姓餐桌的生鲜 O2O 电商平台；以生鲜快递为特色的京东到家，创建了生鲜 O2O 品牌 Dmall。

图 1-4 描述了 2012~2016 年我国生鲜电商市场交易规模情况。从图中看出，近五年生鲜电商市场交易规模逐渐上升。据波士顿咨询和阿里研究院的最新报告，生鲜品类在线上的起步较晚但增长势头迅猛。上层中产和富裕消费者、新时代消费者、经验丰富的网购者为促进生鲜线上业务增长的三大消费力量。根据市场不同的消费动力以及供给面的可能

发展，预计线上生鲜消费到 2020 年将占城镇生鲜总消费的 15%～25%。

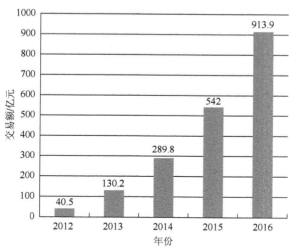

图 1-4　2012～2016 年中国生鲜电商市场交易规模

数据来源：100EC.CN 中商产业研究院

据艾瑞咨询 2016 年公布的数据，国内生鲜电商的整体交易额为 913.9 亿元，比 2015 年的 542 亿元增长了 68.6%，预计 2017 年整体市场规模可以达到 1500 亿元，具有巨大的消费空间。由图 1-4 可以看出，从 2012 年的 40.5 亿元快速增至 2016 年的 913.9 亿元，但是由图 1-5 可以看出，2013～2016 年中国生鲜电商市场交易规模同比增长率下降，面临千亿元级刚性市场需求，当前生鲜电商渗透率还远远不够。随着电商消费逐渐进入低龄和高龄人群的生活视野，生鲜电商的目标用户群也在不断扩大。生鲜电商市场的未来发展空间和利润空间将吸引资本不断注入。

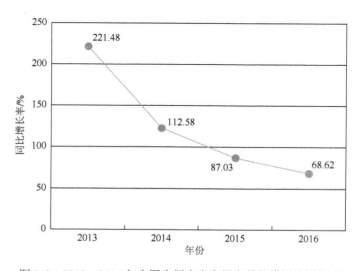

图 1-5　2013～2016 年中国生鲜电商市场交易规模同比增长率

2. 核心产品

目前线上生鲜食品主要种类为水果、水产品、肉类、蛋类、蔬菜、速冻食品、冷饮甜品和乳制品。艾瑞咨询 2015 年互联网网民大调研数据显示，线上网购生鲜产品中水果类占比最高，是整个消费者网购生鲜食品种类的 72.0%，如表 1-3 所示，其次是乳制品类和肉类，分别占比 49.9%和 46.7%。相对来说，消费者在网上购买蔬菜和水产品较少，一方面消费者希望买到新鲜的蔬菜和水产品，另一方面这些产品需要经过真实查看才决定是否购买，线上购买只能看到图片，与真实情况存在差异，冷链配送也较麻烦，通常蔬菜和水产品随买随吃，因此到生活居住附近超市和菜市场即可解决需求。

表 1-3　2015 年网购生鲜品类分布

种类	网购品类所占比例/%
水果类	72.0
乳制品类	49.9
肉类	46.7
水产品类	4.63
蛋类	24.9
蔬菜类	23.7

数据来源：艾瑞咨询 2015 年互联网网民大调研

3. 购买平台

2014 年被视为生鲜电商元年，无数的电商平台在获得投资之后，疯狂扩张，然而从 2015 年下半年开始，生鲜电商在资本市场遇冷，2016 年上半年，亚马逊旗下美味七七倒闭，天天果园布局 O2O 全线败退。

目前网络生鲜食品销售主要有两大电商平台、九大垂直电商和诸多中小创业公司。艾瑞数据显示[①]，2016 年第三季度我国十大生鲜电商平台微信用户排行榜为京东到家、本来生活、天天果园、顺丰优选、易果生鲜、每日优鲜、中粮我买网、食得鲜、沱沱工社、爱鲜蜂。京东是我国最大的自营式电商企业，大型综合性的 B2C 购物平台，电商行业引领者，产品价值和认可度较高，深受消费者信赖；本来生活是国内优质的生鲜果蔬食材、食品服务平台，以食品、生鲜水果为主打的电商网站；天天果园是中国最大的水果生鲜电商，以进口鲜果产品为特色的电子商务服务商；顺丰优选凭借顺丰电子商务公司，打造全球美食优选网购商城和全方位一站式美食服务平台；易果生鲜是国内第一家生鲜网购平台，是国内最大的垂直类生鲜电商之一；每日优鲜是中国领先的生鲜购物网站，2 小时内送货上门，主要覆盖北上广深一线城市；中粮我买网是世界 500 强中粮集团旗下食品网上购物网站；食得鲜是国内首家以"智能互联网 + 生鲜"模式开发的生鲜电商领域综合电商平台，目前处于华南地区最大的生鲜电商平台；沱沱工社自建有机农场，是中国首家专业提供有机食品、天然食品等生鲜类商品的 B2C 网上商城；爱鲜蜂是亚洲最大的综合性购物平台天猫推出的生鲜销售平台、大型生鲜食材及服务平台。

---

① 2016 年 Q3 中国十大生鲜电商排行榜：谁将领头？亿邦动力网（2016-09-28）：http://www.ebrun.com/20160928/194800.shtml.

根据艾瑞咨询 2015 年互联网网民大调研数据，我国网上购物消费者已有 92.10%通过电商平台购买生鲜食品，如图 1-6 所示。超市/大卖场和菜市场紧随其后，占比分别为 71.60%和 57.70%。这表明具有上网经历的人群更愿意选取网络电商平台的渠道来购买生鲜食品。

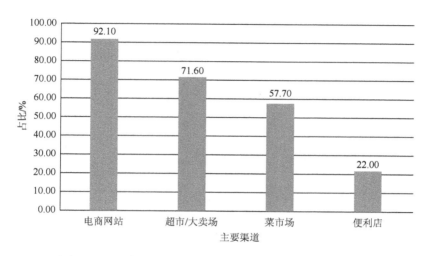

图 1-6　2015 年网购过生鲜食品的用户购买生鲜的主要渠道

数据来源：艾瑞咨询 2015 年互联网网民大调研

4. 消费特征

我国网络生鲜食品交易市场呈现出如下特征。

（1）线下消费仍是主力，线上增长将提速。由目前分析研究的数据可知，中国的生鲜消费市场仍将以线下为主，市场份额占比达到 75%～85%，生鲜品类线上销售虽起步较晚但增长迅速。根据市场不同的消费动力以及供给面的可能发展，线上生鲜消费预计到 2020 年将占城镇生鲜总消费的 15%～25%。此外，我国生鲜食品网络销售的主要消费群体为 26～35 岁的年轻消费者，由此看出年轻消费者更容易接受新鲜事物，追求高品质生活，且在工作和生活快节奏的驱动下，快捷的线上购买方式能更容易受到年轻消费者的欢迎。

（2）生鲜食品网络销售将向标准化、规模化、品牌化、专业化方向发展。产品质量是生鲜电商的生存根本。产品在最终呈现给消费者之前需要制定一套完善的标准流程审核机制，这些标准的建立应早于消费行为，且存在于消费者不会涉及的领域，即上游生产环节和中游仓储物流环节。标准化的实行是保障生鲜产品质量安全过程控制的根本措施。通过标准化的生产缩小产品之间的差异性，扩大产品的相似性，打造一定量级的可复制性产品，才能实现电子商务的货源稳定。通过标准化仓储和冷链运输减小产品的损耗率。规模化的实行对于生鲜产品的高流通率与均摊成本意义重大。品牌化是达到高回购率和高溢价的重要手段。建立品牌和 IP（intellectual property，知识产权）意味着建立品质保障与知名度，这是提高客户消费黏性和高溢价的有效手段之一。目前国内鲜有知名度、信誉度高的水果品牌，故品牌化的发展是必然也是必要的趋势。专业化则多体现在商业行为，如售前沟通、送货速度、售后及时性等，提升客户的消费体验，专业化是品牌建立最重要的一步。

（3）经历破产倒闭潮之后，投资者和创业者会更加趋于理性。据目前出行、外卖等行业的发展现状，可以看出接下来的投资程度将会进一步降低，更加趋于理性化。资金紧张的企业可能通过收编合并的方式促使企业发展，但是完成融资的企业发展战略将更加谨慎，商业模式上的小心试错将会成为资金的最大流向之一。经过资本艰难期的阶段，生鲜电商已经由资本热捧走向理性的过渡期。O2O 泡沫破裂和行业监管的收紧提醒了大多数的盲目投机者，一些定位清晰的垂直电商已经开始崛起，巨头的介入也将加速产业的融合和发展。同时，伴随着虚拟现实、智能终端、视频直播等新技术的兴起，生鲜电商在技术变革方面也会有新的思索。

1.2.3　酒水饮料网络销售现状

酒水饮料是指经过加工制造供饮用的液态食品，是一切含酒精与不含酒精饮料的统称。现如今，逢年过节、交友聚会，酒水饮料成了餐桌上必不可少的元素之一。下面阐述酒类产品网络销售情况。

1）销售规模

中国的酒文化源远流长，在中国饮食文化里素有"无酒不成宴席"的说法。2016年，酒类电商得到迅猛发展，先是多家垂直酒类电商陆续挂牌新三板，继酒仙网、1919 之后，2016 年 8 月前后，链酒科技、联想控股持股的酒便利及乐视控股的网酒网也顺利获批挂牌新三板。另外，天猫、京东等平台电商在 2016 年也加大了在酒水品类的运营力度，如"9·9 天猫全球酒水节"、京东商城的正品酒水联盟的启动仪式等。中国酒类电商行业研究报告数据显示，2015 年我国酒类电商交易规模达到 180 亿元，2016 年更是高达 290 亿元，增势迅猛，年增长率逾 61%，酒水产品网络销售前景看好，行业市场非常广阔[①]（图 1-7）。

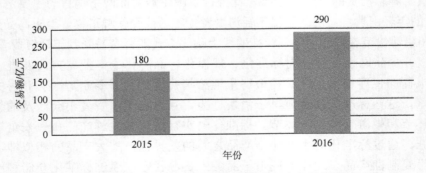

图 1-7　2015 年和 2016 年我国酒类电商交易规模

数据来源：中国酒类电商行业研究报告

---

① 2016 中国酒业白皮书. 散文吧网（2016-07-23）: https://sanwen8.cn/p/249aKeM.html.

酒类产品具有消费频率高、使用周期迅速、广泛的群体性、高便利性、高毛利润的特点，并受传统饮食文化影响具有较高的传统消费黏性。当前，我国经济不断发展，人民生活水平日益提高，在酒水的消费上、档次上更是有巨大的突破和进展。

2）消费群体

全球知名的绩效管理公司尼尔森在全国一二线城市针对 20~49 岁在过去三个月饮用过酒类的人群进行了研究，并发布了《尼尔森 2016 酒类消费者研究》报告，结果显示 30~39 岁的中产阶级人群仍然是白酒市场的主力消费者。新的主力消费人群更追求"高颜值"和"独特性"，对于产品的包装盒广告传递的信息有更多消费者个人的见识，也对各酒商的产品创新和广告投放提出了更高的要求。然而，30~39 岁中产消费者网购群体在全国网民人数中占比不到 30%，如何能精准定位目标群体将成为新的课题。常规的投放或许不是更有效的选择，尼尔森通过真实的案例研究发现，热门剧集的植入和体育赛事的赞助对于白酒营销能起到意想不到的效果[①]。

3）消费趋势

未来几年，将是我国酒类产品网络、销售深度转型的关键发展时期，将朝着几个重要方向纵深发展。

第一，大量进口国外葡萄酒。进口葡萄酒是电商的重点发展方向。一方面，国内白酒品牌格局已形成传统，酒类电商平台承担线上渠道责任较多，其营销方面自主性不强。另一方面，随着"90 后"甚至"00 后"新消费群体逐步崛起，他们成为酒类市场消费群体的重要部分，这一群体追求酒类个性消费、国际消费新品质，而国外优质葡萄酒正符合年轻人的需求偏好，加之葡萄酒美容养颜、适度饮用有益身心健康的特点，在一定程度上刺激了中国进口国外优质葡萄酒的需求。

第二，定制酒将逐步兴起。价格战使得许多垂直酒类电商在平台上的售价均低于线下 5%~10%，一度对于线下具有绝对价格控制权的酒品企业产生强大的竞争压力，甚至爆发封杀酒类电商的事件。一些行业大头，如贵州茅台在唯品会、1919 等电商平台上全部开店自营。另一些品牌，则采取中和路线，只在线上渠道销售的定制酒则引领了新的消费热点。如酒仙网与泸州老窖合作的三人炫，与沱牌舍得合作的定制产品"智慧舍得"，都获得不错的销售业绩。

第三，各大酒类电商青睐 B2B。2016 年 3 月，酒类 B2B 电商易酒批完成 B+轮 2 亿元人民币融资，估值 30 亿元。如今，许多一开始做 O2O、B2C 的酒类电商开始发力 B2B，因为相比面对 C 端物流上获客成本的高昂，酒类电商做 B 端如餐饮、酒吧、KTV、茶楼等目标商户可获利更大。这些 B 端在此前并不是都从酒类企业中直接进货，同样是按线下一级、二级、三级代理购买，酒类电商可以通过线上价格优势获得较大规模的客户市场。这样既加速渠道信息透明，又减少中间流通渠道和中介费用，双方实现双赢，这可能成为未来酒类电商盈利的关键点之一。

第四，不同酒类企业将实现信息分享。随着互联网的信息时代不断发展，信息传播速度不断提高，天猫、京东等平台电商，酒仙网、1919 等垂直电商不断增长，加上微博、

---

① 尼尔森：2016 酒类消费者研究. 糖酒快讯网（2016-11-02）：http://spirit.tjkx.com/detail/1033508.htm.

微信等新的销售购买方式，使原本独立的全国酒类渠道分隔模式被完全打破，各地酒类企业、营销生产供应渠道实现实时的信息分享。加上物流系统不断壮大，货物周转速度明显提高，酒类企业对区域的硬性分割模式也被打破。同时随着新一代消费者偏好网络消费，不同酒类企业间将通过信息分享来获得市场发展更多的方向，由各自为政竞争逐步变为互通交流、资源共享。

1.2.4 "互联网＋餐饮"（外卖）销售现状

"互联网＋餐饮"（外卖）是指餐饮企业利用互联网和互联网时代带来的各种便捷的信息化工具，更好地进行销售和提供服务。近年来，随着互联网的高速发展，"互联网＋餐饮"融合创新步伐不断加快，餐饮企业积极运用 O2O 融合创新，通过线上的资金流、信息流优势和线下的物流、体验、服务优势相结合，畅通消费渠道，降低交易成本，发展方便、快捷、实惠的服务模式。"互联网＋餐饮"对于餐饮企业提高经营效益、改善服务、降低成本等方面都具有十分重大的意义。目前，"互联网＋餐饮"有三个细分市场，分别为餐饮团购、在线外卖、私厨。其中，餐饮团购市场发展已经基本成熟，管理体系、市场流程稳定，成为近年来最主要的互联网餐饮发展形态。其中发展最为迅速的是在线外卖，随着众多第三方外卖平台获得多轮融资，网上外卖市场形成"饿了么""美团外卖""百度外卖"三足鼎立格局，市场集中度进一步提高。互联网餐饮迎来了新一轮的市场井喷，2013 年网络订餐 APP 进入了城市居民的生活，成为人们手机里常备的软件之一，打开网络订餐 APP 就会发现难以计数的餐饮店铺，动动手指就可以享受美食。网络订餐成为许多居民餐饮消费的主要方式之一。以下将以在线外卖为主体，从销售规模、销售平台等方面来分析"互联网＋餐饮"的发展现状。

1. 销售规模

2013 年起，中国餐饮贸易收入增速水涨船高，更是在 2015 年国民餐饮收入首次突破 3 万亿元，如图 1-8 和图 1-9 所示。据预测，到 2017 年底，外卖市场整体规模将超过 3000 亿元，可达到整体餐饮消费比例的 9%，发展潜力巨大。而外卖市场在其中占据越来越大的比重。从外卖收入额来看，2011～2015 年中国网络外卖市场规模保持着高速增长的态势，2015 年网络外卖市场规模高达 581 亿元，如图 1-10 和图 1-11 所示。到 2016 年，外卖市场整体交易额达 1761.5 亿元。随着市场规模增速降低，网络外卖市场格局趋于稳定发展的状态。

比达咨询（BigData-Research）发布的《2016 年中国第三方餐饮外卖市场研究报告》显示，仔细分析 2016 年国内外卖市场的销售状况，可以发现其保持着快速增长的态势，2016 年第一季度（Q1）～第四季度（Q4）第三方餐饮外卖市场交易规模分别为 231.1 亿元、363.3 亿元、493.9 亿元、673.2 亿元，交易规模环比增长率分别为 55.52%、57.20%、35.95%、36.30%；2017 年第一季度第三方餐饮外卖市场交易规模为 843.2 亿元，交易规模增长率为 25.25%，如图 1-12 和图 1-13 所示。

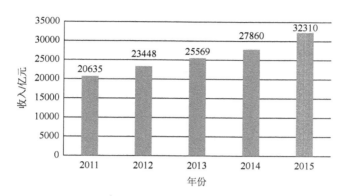

图 1-8　2011～2015 年中国餐饮贸易收入
数据来源：中商产业研究院、中商情报网

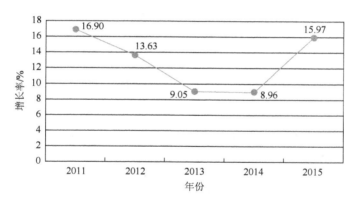

图 1-9　2011～2015 年中国餐饮贸易收入增长率

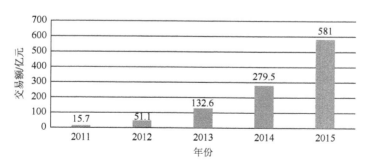

图 1-10　2011～2015 年中国网络外卖市场交易规模
数据来源：中商产业研究院、中商情报网

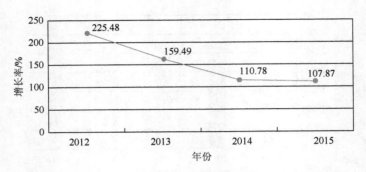

图 1-11　2012～2015 年中国网络外卖市场增长率

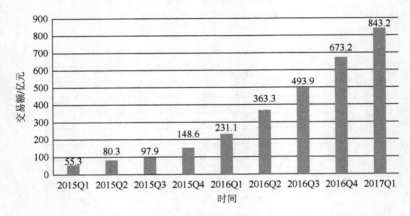

图 1-12　2015Q1～2017Q1 中国第三方餐饮外卖市场交易规模

数据来源：比达咨询数据中心

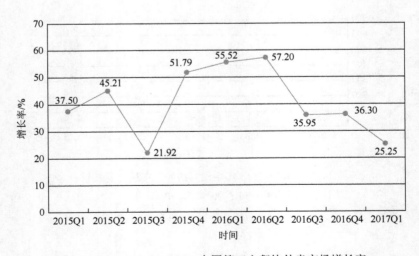

图 1-13　2015Q1～2017Q1 中国第三方餐饮外卖市场增长率

从外卖用户规模来看，也可发现外卖市场的迅猛发展。据统计，2015Q1～2016Q4 中国第三方餐饮外卖市场用户人数保持着持续增长，2016 年全年人数高达 6.07 亿人，较 2015 年全年第三方餐饮外卖市场用户人数 4.29 亿人增长 41.49%，如图 1-14 和图 1-15 所示。其中，手机网上外卖用户规模已达到 1.9 亿人，使用比例由 16.8%提升至 27.9%[①]。

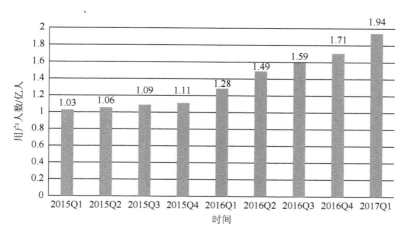

图 1-14　2015Q1～2017Q1 中国第三方餐饮外卖市场用户规模
数据来源：比达咨询数据中心

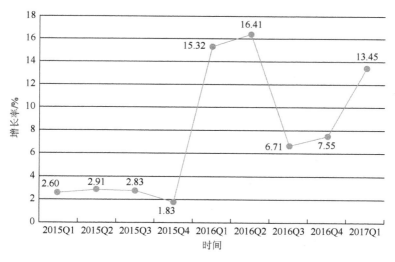

图 1-15　2015Q1～2017Q1 中国第三方餐饮外卖市场用户规模环比增长率

从外卖用户的消费频次也可以发现外卖市场的销售状况优异，统计资料显示，2016 年在线外卖平台男女订单占比各为 53%和 47%，如图 1-16 所示。2015～2016 年中国在线外卖活跃用户消费频次每周 3～5 次的约占 34%，每周 1～2 次的约占 32%，每月 2～3

① 资料来源：http://money.163.com/17/0418/03/CI9A6UDU002580S6.html.

次的约占 15%，每天一次或更多的约占 13%，每月 1 次的约占 6%，如图 1-17 所示。网上订餐平台不仅给消费者带来方便，也给商家带来了很多好处，进一步帮助传统餐饮业焕发活力。

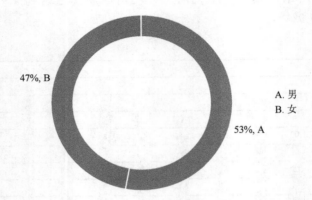

图 1-16　2016 年在线外卖平台男女订单占比

数据来源：饿了么

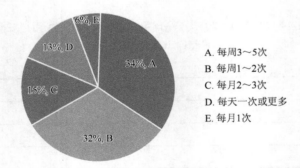

图 1-17　2015～2016 年中国在线外卖活跃用户消费频次

2. 销售平台

目前，我国主要的餐饮平台有美团外卖、饿了么、百度外卖、大众点评、口碑网、点我吧、我有外卖、开吃吧、GrubHub、易淘食、美餐网、外卖超人、到家美食会、零号线、楼下 100、回家吃饭、一人宴、优粮生活等。网络线上餐饮给消费者带来的是更多元的选择，虽然其发展时间相对短暂，但随着人们对网购食品、网络订餐接受度的提升，其发展态势表现得十分迅猛。

2016 年，随着市场竞争机制的内部调控和政府加大力度监管网络食品经营，未能经受住考验的部分参与者纷纷退出外卖市场，整体外卖市场资源进一步整合，中国网络外卖市场格局趋于稳定，结构得到优化提升。在网络外卖方面，饿了么占整体市场份额的34.60%，位居年度第一。美团外卖、百度外卖则分别以 33.60%、18.50%的成绩位居第二和第三，如图 1-18 所示。

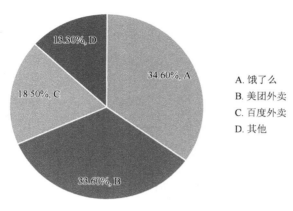

图 1-18　2016 年第三方餐饮外卖市场格局（按交易额）

数据来源：比达咨询数据中心

　　从城市份额来看，美团外卖、饿了么、百度外卖仍占据首要地位。据资料统计，TOP30 城市列表如表 1-4 所示。在 TOP30 城市市场格局，饿了么以 39.70%的市场份额位居第一；美团外卖和百度外卖分别以 27.30%、22.60%排名第二、第三；其他占了 10.40%的市场份额，如图 1-19 所示。

表 1-4　TOP30 城市列表

排序	城市	排序	城市	排序	城市
1	上海	11	厦门	21	青岛
2	北京	12	宁波	22	长春
3	深圳	13	天津	23	合肥
4	杭州	14	温州	24	济南
5	广州	15	苏州	25	无锡
6	成都	16	长沙	26	大连
7	武汉	17	郑州	27	昆明
8	南京	18	西安	28	常州
9	福州	19	哈尔滨	29	南昌
10	重庆	20	沈阳	30	南宁

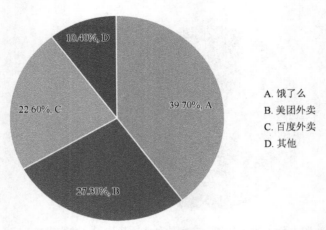

图 1-19　2016 年中国第三方餐饮外卖 TOP30 城市市场格局（按交易额）

数据来源：比达咨询数据中心

3. 发展趋势

随着"互联网＋"商业模式的高速发展，互联网餐饮外卖市场成了新的消费增长点。2015 年外卖市场高度扩张，2016 年速度放缓但仍保持稳定上涨的良好态势，规模保持较大。《2017-2022 年中国餐饮外卖行业市场需求与投资咨询报告》数据显示，未来三年，中国的餐饮外卖产业互联网渗透率将持续不断攀升，预计 2019 年渗透率有望达到 7.6%，餐饮外卖企业不断深入上下游产业供应链，加强资源覆盖以及提升服务品质和频次。

大数据分析与评级公司易观智库发布的《中国互联网餐饮外卖市场运行情况分析》[①]和《中国互联网餐饮外卖市场趋势预测 2016—2018》指出，未来五年，中国的网络餐饮外卖市场将继续保持较高速增长的趋势，在 2018 年市场规模有望达到 2455 亿元。就销售网络而言，互联网餐饮外卖市场的网点几乎已覆盖至我国一线城市、二线城市和三线城市县级市的城镇区域。大部分商家采取线上线下联动销售机制，选择将本餐饮店入驻外卖平台。互联网餐饮外卖平台促进线下商户提高运营的信息化水平和订单处理效率，为线下商户锁定了新的一批消费群体，在一定程度上提高了原线下商户经济效益。

例如，从外卖市场的消费人群来看，外卖市场仍有巨大潜力。在国内第三方餐饮外卖市场构成方面，白领市场占比 61.80%，位居第一；校园市场和社区市场则分别以 29.10%、8.30% 的占比位居第二、第三；其他市场分别占比 0.80%，如图 1-20 所示。从中可以发现白领市场占据了大部分外卖销售额，因此可以在白领工作、住宅区域努力发展外卖商家。数据显示，饿了么为整体市场份额的冠军，从饿了么的整体市场来看，白领市场只占 1/3 的份额，可以看出未来白领市场的发展潜力很大，如图 1-21 所示。

---

① 中国互联网餐饮外卖市场运行情况分析. 中商情报网（2016-01-18）：http://www.askci.com/news/2016/01/18/178319obt.shtml.

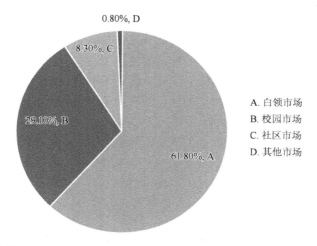

图 1-20　2016 年第三方餐饮外卖市场结构分布（按交易额）

数据来源：比达咨询数据中心

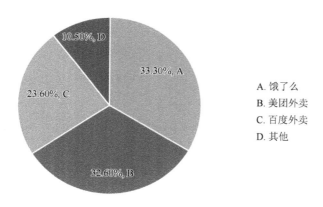

图 1-21　2016 年中国第三方餐饮外卖白领细分市场格局（按交易额）

数据来源：比达咨询数据中心

1.3　消费者网络食品安全调查

　　因为消费者是网络食品市场中的重要主体，也是食品最终的受用者，且网络食品安全直接关乎人民群众的切身利益，所以调查消费者是课题研究的基础，通过分析消费者的心理与行为，可为网络食品安全研究奠定基础。中南大学食品安全与政策分析研究课题组共展开了两次调查：调查一包括调查说明与样本特征、网购食品购买现状调查、网络食品安全认知调查、网络食品安全问题调查、消费者网络食品安全信心调查五个部分；调查二包括网络食品欺诈、质量安全、舆论风险与信用状况四个部分。两次调查的过程相似。

1.3.1　调查说明与样本特征

中南大学食品安全与政策分析研究课题组本着科学、高效、便利的基本原则,重点选取湖南、湖北、安徽中部三省,广东、山东、福建东部三省,以及新疆、贵阳、四川西部三省的省会城市进行调查,从而从整体上评估目前我国的网络食品安全现状。调查内容主要包括受访者样本特征、网购食品购买现状、网络食品安全认知、网络食品安全问题以及消费者对网络食品安全信心五个方面。调查前对调查人员进行专门的培训,在调查过程中为被调查者答疑解难,并利用微信、QQ 等即时通信工具随机发放调查问卷,对网络食品消费者进行一对一调查,为保证调查的真实性和有效性,调查人员对每一位受访者就本次调查的目的、意义、问卷内容、填写方式等进行详细说明。共发放问卷 2985 份,回收 2955份,有效问卷为 2883 份,问卷回收率和有效率都超过了 96%。由于篇幅限制,调查的有关细节,不再赘述。

表 1-5 显示了由东中西部 9 省份 2883 位受访者所构成的总体样本特征。

表 1-5　受访者基本特征的统计性描述（调查一）

特征描述	具体特征	频数/人	占比/%	特征描述	具体特征	频数/人	占比/%
性别	男	1275	44.22	生活地区	城市	2574	89.28
	女	1608	55.78		农村	309	10.72
年龄	0～17 岁	156	5.41	职业	学生	1782	61.81
	18～26 岁	1902	65.97		政府机关	90	3.12
	27～36 岁	498	17.27		企业职工	588	20.40
	37～45 岁	189	6.56		农民	15	0.52
	46～55 岁	126	4.37		事业单位	180	6.24
	56 岁及以上	12	0.42		个体商户	135	4.68
受教育程度	初中及以下	66	2.29		待业	93	3.23
	高中或中专	288	9.99				
	本科或大专	2070	71.80				
	研究生及以上	459	15.92				

数据来源：中国网络食品安全治理 2017 问卷调查

从表 1-5 可知得出如下结论。

（1）女性受访者略多于男性受访者。在总体样本 2883 位受访者中,男女受访者比例分别为 44.22%、55.78%。

（2）18～26 岁的受访者比例最高。18～26 岁年龄段的受访者比例最高,为 65.97%,其次为 27～36 岁年龄段、37～45 岁年龄段、0～17 岁年龄段、46～55 岁年龄段、56

岁及以上年龄段，分别占受访者总体样本比例分别为 17.27%、6.56%、5.41%、4.37%、0.42%。其中 18～36 岁的年轻人占据样本总体的 83.24%，这与年轻人思维活跃，容易接受新事物、新观念有很大关系。其中 18～36 岁年龄段的女性占 54.80%，男性占 45.20%，可见 18～36 岁的年轻人是网络食品消费的主力军，且男性和女性都比较倾向于利用互联网购买，因其方便、快捷、节约时间等优势，"互联网＋食品"的购物模式明显提升了购物的男性比例，这与传统购物模式中，女性占据绝大多数的情况形成鲜明对比，充分挖掘了男性的购买力，这是我国扩大内需、利用消费促进经济健康发展的一大进步。

（3）生活在城市的受访者比例远高于农村受访者。从问卷调查结果可以看出，89.28% 的受访者生活在城市地区，生活在农村地区的网购食品受访者仅占 10.72%。目前，我国大多数城市地区的互联网已基本实现全覆盖，加之 EMS、顺丰、中通、圆通、汇通、韵达等快递公司均在全国绝大多数城市布局了网点，生活在城市地区的网购食品消费者可方便地在网上购物以及收发快递。而在大多数农村地区，快递网点布局也仅到镇，这使得在农村地区普及网购消费方式还存在一定的障碍。由此也可看出，未来农村地区将成为各大电商平台争相开拓的广阔市场。

（4）受访者学历层次整体较高。表 1-5 显示了总体样本中受访者的受教育程度情况。其中，71.80% 的受访者学历为本科或大专，占总体样本的比例最高，其次分别为研究生及以上学历、高中或中专学历、初中及以下学历，占总体样本比例分别为 15.92%、9.99%、2.29%。网购食品群体以学历层次较高的年轻人为主，该群体有一定的收入、生活节奏快、容易接受新鲜事物，俨然已成为新消费方式的传播者。

（5）受访者职业分布较为广泛。在总体网购食品受访者样本中，学生群体占比达 61.81%，占比最高；其后为企业职工，占比为 20.40%；事业单位职工、个体商户、待业人员、政府机关工作人员所占比例相对接近，分别为 6.24%、4.68%、3.23%、3.12%；农民在总体样本中所占比例最低，为 0.52%，网购食品的消费方式尚未在农民群体中普及开来，因而农民群体消费潜力仍有待开发。

1.3.2　网络食品购买现状调查

1. 消费者网购食品的频率分布

在总体样本的 2883 位网购食品受访者中，一个月网购食品 2～3 次的受访者占总体样本比例最高，为 29.86%，网络购物已成为许多人的刚性需求；9.79% 的消费者在网上购买食品频率最高，平均一星期购买 1～2 次；遇上打折即在网上购买食品的受访者比例为 27.99%，可见食品价格是影响消费者购物的重要因素；有 19.35% 的受访者逢年过节时喜欢在网上购买食品；从不在网上购买食品的消费者比例为 13.01%，如图 1-22 所示。

2. 消费者网购食品种类分布

图 1-23 显示，消费者在网上购买食品最多的种类为休闲食品，占比高达 70.14%，休闲

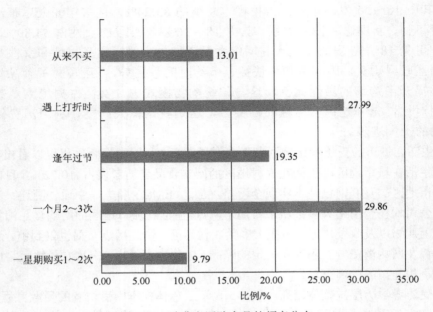

图 1-22　消费者网购食品的频率分布

食品在各类型网络食品销售中占据最大的市场份额；紧随其后的是网络订餐平台销售的快餐小吃，占比为 14.78%，该新兴消费方式的受众主要为白领、学生群体，因其便捷、节约用餐时间等优点广受欢迎，但同时网络订餐的消费者投诉也居高不下，食品安全问题频发。此外利用网上订餐平台消费最多的受访者基本生活在城市地区，生活在农村地区的网络食品消费者较少进行网络订餐；其后为生鲜食品、甜点饮品以及粮油调味，所占比例相对接近，分别为 5.72%、5.41%、3.95%。

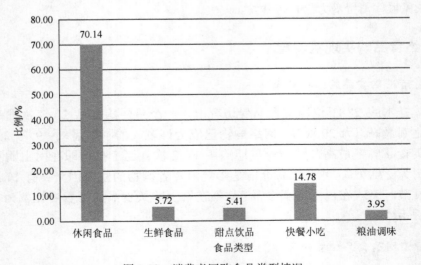

图 1-23　消费者网购食品类型情况

1.3.3　网络食品安全认知调查

通过实证调查研究网购食品消费者对网络食品安全的认知,并比较不同样本群体表现出的差异。

1. 关于网络食品安全的内涵

问卷分析结果显示,50.57%的受访者对网络食品安全的定义理解是:按照一定的规程生产,符合营养、卫生等各方面标准的食品;13.53%的受访者认为长期正常使用不会对身体产生阶段性或持续性危害的食品即安全网络食品;7.49%的受访者对网络食品安全的定位为想借网络做噱头吸引庞大的网民群的食品即安全的;28.41%的受访者则对网络食品安全没有明确的定义,具体分布情况如图 1-24 所示。在总体调查样本群体中,大多数人对网络食品安全的认知较为清晰,但也有三成左右的受访者未树立正确的网络食品安全意识,故我国对民众的网络食品安全教育与宣传工作仍有待进一步加强。

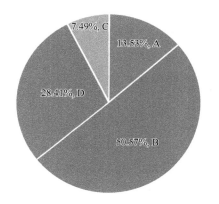

A. 长期正常使用不会对身体产生阶段性或持续性危害的食品

B. 按照一定的规程生产,符合营养、卫生等各方面标准的食品

C. 想借网络做噱头吸引庞大的网民群

D. 没有明确的定义

图 1-24　网络食品消费者对网络食品安全的认知情况

2. 关于网络食品安全的整体评价

从图 1-25 可以看出,对我国目前网络食品安全的整体状况表示非常不满意的受访者占比为 2.09%,表示不满意的受访者比例为 5.41%;而表示非常满意的受访者占比仅为 1.66%,表示比较满意的受访者比例为 33.92%;在总体样本中,有 56.92%的受访者对我国网络食品安全的整体满意度评价为一般。从调查结果来看,受访者对网络食品安全的整体满意度总体向好,明确表示不满意的仅占总体样本的 7.50%,由此可见,近年来国家加强食品安全监管的工作初现成效。其中,学生群体对网络食品安全状况表示不满意的人数占学生样本群体的 3.76%;企业职工对网络食品安全状况表示不满意的人数占企业职工样本群体的 7.85%;政府机关工作人员对网络食品安全状况表示不满意的人数占政府机关样本群体的 13.79%;待业人员对网络食品安全

状况表示不满意的人数占待业样本群体的 **16.67%**；事业单位工作人员对网络食品安全状况表示不满意的人数占事业单位工作人员样本群体的 **16.95%**；个体商户对网络食品安全状况表示不满意的人数占个体商户样本群体的 **22.73%**；农民群体对网络食品安全的评价基本没有不满意。

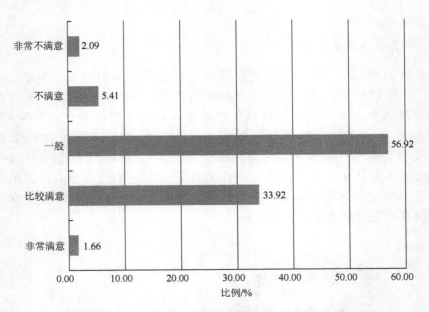

图 1-25　受访者对网络食品安全的整体满意度评价

3. 关于国产食品和进口食品的偏好

此次网络食品安全调查结果显示，对比国产食品和进口食品，有 **63.48%** 的受访者表示对进口食品更为放心，而对国产食品更满意的受访者仅占总体样本的 **36.52%**，如图 1-26 所示。随着经济全球化的发展，国外大量食品进入我国市场，益普索《2016 中国食品&饮料趋势及消费者洞察》显示：超八成（81%）一二线城市消费者经常/偶尔购买进口食品，乳制品（49%）是消费者最主要购买的进口食品品类，其次为儿童食品（40%）、坚果（36%）、酒类（27%）、饮料类（24%）与糖果/糕点类（19%）。而京东超市出炉的《2016 年食品饮料销售大数据》也显示：2016 年，全国人民买的最多的十大商品是欧德堡德国进口全脂纯牛奶、伊利安慕希常温酸奶、金龙鱼蟹稻共生东北大米、福临门水晶东北大米、金龙鱼葵花籽调和油、鲁花 5S 压榨一级花生油、农夫山泉饮用天然水、爱氏晨曦德国进口全脂牛奶、蒙牛纯甄常温酸牛奶和安佳新西兰原装进口全脂牛奶。从这十大产品中可以看出，乳品占到了一半，其中一半以上还是进口乳品。这凸显了我国加强食品安全监管力度、严把食品生产质量关、提升消费者对国产食品安全的信心的重要性和紧迫性。

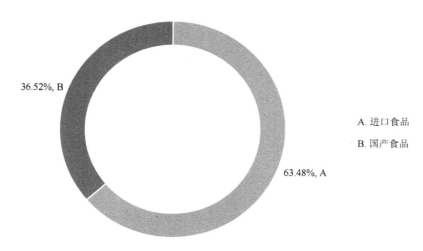

图 1-26　网络食品消费者对国产食品与进口食品的放心度

A. 进口食品

B. 国产食品

4. 关于网络食品安全政府监管的评价

从图 1-27 可以看出，受访者对国家监管网络食品安全工作持中立态度的超六成，对国家监管网络食品安全工作表示"非常满意"与"比较满意"的受访者仅占 16.02%，而对国家监管网络食品安全工作表示"非常不满意"与"不满意"的受访者占总体样本的 22.37%。从调查结果来看，受访者对国家监管网络食品安全工作的满意度还有待提升，国家还需在加强网络食品安全监管方面下大力气。

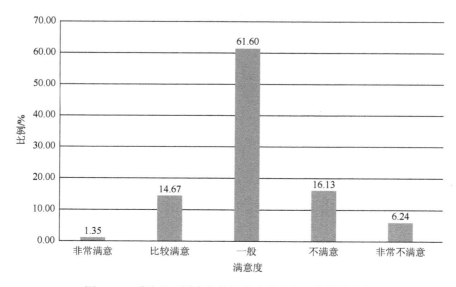

图 1-27　受访者对国家监管网络食品安全工作的满意度

1.3.4　网络食品安全问题调查

网络食品消费者遭遇到的网络食品安全问题及对成因的判断，会直接影响其对网络食品安全的认知、对我国网络食品安全满意度的评价以及对未来网络食品安全治理的信心。本报告对消费者购买网络食品遇到过的食品安全问题进行调查分析，并从消费者视角对造成网络食品安全问题的原因进行分析。

1. 网络食品安全问题类型分析

在网购食品消费者遭遇到的网络食品安全问题中，受访者遭遇最多的网络食品安全问题是商家提供的产品信息不真实，占比达 35.69%；其次为非法使用食品添加剂和食品掺假，所占比例相对接近，分别为 17.48%和 17.07%；而遇到食品安全问题后，投诉得不到妥善处理的受访者比例为 16.44%；有 13.32%的受访者遭遇过其他类型的网络食品安全问题，如图 1-28 所示。从分析结果可以看出，商家信用问题仍然是整治网络食品安全问题过程中的突出问题，此外，解决食品欺诈、食品安全监管不到位等问题也迫在眉睫。

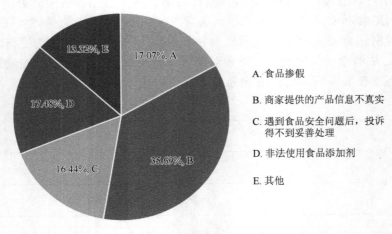

A. 食品掺假

B. 商家提供的产品信息不真实

C. 遇到食品安全问题后，投诉得不到妥善处理

D. 非法使用食品添加剂

E. 其他

图 1-28　受访者遭遇的网络食品安全问题情况

2. 网络食品风险类型分析

对于消费者最关注的网购食品风险类型，其中最关注"滥用食品添加剂和非法使用化学物质"的受访者比例高达 73.05%；随后依次是"食品本身自带的有害物质超标""微生物超标""农兽药残留超标""重金属超标"，占比分别为 9.05%、6.35%、5.83%、5.72%，具体情况如图 1-29 所示。

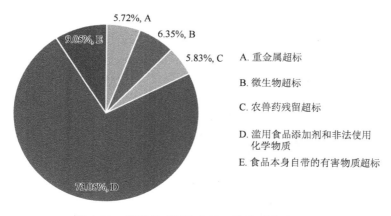

图 1-29　消费者对网络食品风险类型的关注度

　　目前，我国允许使用的食品添加剂有 2300 余种，国家食药监总局通过近年来的抽检情况发现，食品添加剂问题主要集中在着色和防腐方面。2011 年，瘦肉精事件被曝光后，政府部门制定了严格的添加剂使用规范，也加大了对饲料非法添加剂的整治力度。但是，2017 年央视 3·15 晚会通过记者的调查发现，一些饲料企业企图瞒天过海地往饲料中非法添加各种"禁药"，包括"人用西药"，而且这种现象并非个例。往饲料中违规添加禁用西药，能使饲养的动物傻吃酣睡猛长，但是抗生素在肉里边有残留，人吃了带抗生素的肉以后，或产生"耐药性"。此外，农兽药残留超标和重金属超标问题主要发生在受访者在网上购买的农产品中。2017 年央视 3·15 晚会也曝光日本核辐射区生产的食品流入中国，这将对国民健康产生潜在的巨大威胁。而微生物超标问题多发于速食食品以及乳制品等食品类型，截至 2016 年 10 月，共 45 批次的进口牛奶被销毁，来源包括德国、法国、丹麦、新西兰等多个国家，多为菌群与酸度超标、包装与添加剂不合格。

　　3. 网络食品安全问题原因分析

　　对"引发网络食品安全问题的主要原因"，总体样本中，有 38.81% 的受访者认为是"食品生产加工企业和个人利益熏心"导致了网络食品安全问题，其后依次是"执法部门对违规企业和个人的惩罚力度不够"占比 26.22%，"主管部门职责不明，监管不力"占比 16.86%，"相关法律不健全"占比 10.93%，"消费者对假冒伪劣食品鉴别能力不高"占比 5.83%，还有 1.35% 的受访者认为"事情没那么严重，都是媒体炒作出来的"，如图 1-30 所示。

1.3.5　消费者对网络食品安全信心调查

　　目前，我国网络食品安全问题频发，虽然国家加大了监管与整治力度，消费者投诉仍然居高不下，加之进口食品争相挤占国内市场份额，错综复杂的国内外食品安全形势使得我国网络食品安全治理路阻且长。而消费者对未来食品安全的信心是我国加强网络食品安全治理的不竭动力，本小节主要关注消费者对未来网络食品安全的信心，并对消费者期待的网络食品安全改善对策进行统计分析。

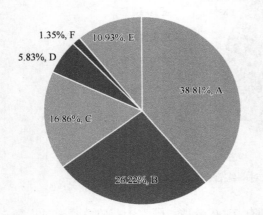

A. 食品生产加工企业和个人利
　益熏心

B. 执法部门对违规企业和个人
　的惩罚力度不够

C. 主管部门职责不明，监管不力

D. 消费者对假冒伪劣食品
　鉴别能力不高

E. 相关法律不健全

F. 事情没那么严重，都是媒体
　炒作出来的

图 1-30　受访者对网络食品安全问题的归因情况

1. 消费者对网络食品安全治理的信心

通过对问卷调查搜集的数据进行分析，可以发现在总体 2883 位受访者中，67.64%的受访者对我国目前网络食品安全的看法是"问题存在，但有信心解决"；仅 4.26%的受访者认为我国网络食品安全"问题不大，无所谓"；高达 28.10%的受访者认为我国网络食品安全"问题太多，令人失望"，如图 1-31 所示。而在消费者对未来网络食品安全的信心的调查中，"很有信心"的受访者和"比较有信心"的受访者占比之和为 46.62%；对我国未来网络食品安全"没有信心"和"很没信心"的受访者占比为 8.22%；45.16%的受访者对我国未来的网络食品安全信心持中立的观望态度，如图 1-32 所示。可以看出，绝大多数受访者对我国未来的网络食品安全治理还是表现出积极的态度。

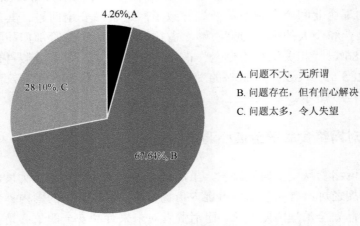

A. 问题不大，无所谓

B. 问题存在，但有信心解决

C. 问题太多，令人失望

图 1-31　消费者对目前网络食品安全治理的看法

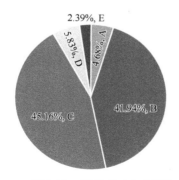

图 1-32　消费者对未来网络食品安全治理的信心

2. 消费者期待的网络食品安全治理对策

对于"受访者最为期待的网络食品安全治理对策"，调查显示受访者最为期待的是"出台并完善相关法律法规，规范企业生产"，占总体样本的 39.13%；其次较为接近的是"监管部门严格检疫，严把质量关"，占比为 30.91%；随后依次为"管理部门应加大处罚力度""消费者提高自身食品安全意识""媒体曝光典型案例""其他措施"，所占比例分别为 15.92%、9.78%、2.71%、1.55%，如图 1-33 所示。从调查结果可以看出近九成的受访者期待政府相关部门在治理网络食品安全问题过程中能有所作为，以此提振消费者对我国网络食品安全的信心，保障消费者舌尖上的安全。

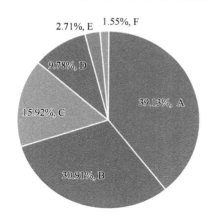

图 1-33　消费者期待的网络食品安全治理对策

第 2 章　网络食品欺诈与质量安全

2.1　网络食品欺诈与质量安全现状

2.1.1　网络食品欺诈的定义

根据国家食药监总局起草的《食品安全欺诈行为查处办法（征求意见稿）》（以下简称《办法》）明确指出，食品欺诈主要包括产品欺诈、食品生产经营行为欺诈、标签说明书欺诈、食品宣传欺诈、信息欺诈、食品检验认证欺诈、许可申请欺诈、备案信息欺诈、报告信息欺诈以及提交虚假监管信息这 10 种行为。在网络食品售卖过程中，产品欺诈和食品宣传欺诈最为普遍。

《办法》中明确了，用非食品原料、超过保质期的食品原料、回收食品作为原料生产食品；在食品中添加食品添加剂以外的化学物质和其他可能危害人体健康物质；使用病死、毒死或者死因不明及其他非食用用途的禽、畜、兽、水产动物肉类加工食品；生产营养成分不符合食品安全标准的专供婴幼儿和其他特定人群的主辅食品；其他生产经营掺假掺杂、以假充真、以次充好的食品以及以不合格食品冒充合格食品等行为属于产品欺诈。

而以网络、电话、电视、广播、讲座、会议等方式宣传食品，有下列情形之一的，属于食品宣传欺诈：食品的性能、功能、产地、规格、成分、生产者、标准、保质期、检验报告等信息与实际情况不符；使用虚构、伪造或者无法验证的科研成果、统计资料、调查结果、文献等信息作为证明材料；普通食品明示、暗示具有功效或者特殊医学用途的，或者使用"可治疗""可治愈"等医疗术语；食品宣传信息涉及疾病预防、治疗功能；保健食品宣传信息含有未经证实的功效，或者隐瞒适宜人群、不适宜人群等；使用"纯绿色""无污染"等夸大宣传用语；以转基因食品冒充非转基因食品。此外，《办法》中对不同形式的欺诈行为需要承担的法律责任进行了详细的说明，同时指出该《办法》的适用范围，包括网络食品交易第三方平台提供者、仓储保管者、运输者等主体。

本报告将网络食品欺诈定义为：借助电子商务平台售卖食品时，通过对食品采用虚构事实或者隐瞒真相的方式，即非法替代、添加食品成分、包装、虚假宣传、网络刷单等，以此获取高额利润的行为。由于互联网的特性，网络食品售卖商家常利用信息不对称、消费者无法在售前接触食品实物等漏洞进行欺诈，最常见的欺诈形式为宣传欺诈。

网络食品欺诈通常具有虚拟性、不确定性、隐蔽性、危害性等特性。虚拟性：在网络平台上购买食品，看不到食品这个实物，不知道食品买入渠道、食品实际销量等信息，用这种虚拟交易给商家提供了欺诈的空间。不确定性：在网络平台上购买食品，消费者只能凭借商家的食品描述说明和图片进行判断，而实物到手后与产品描述常常存在一定的差距。隐蔽性：由于看不到真实的食品，食品的生产制作过程、食品材质、食品的生产地、销货渠道等消费者都无从得知，网络食品欺诈带有隐蔽性质。危害性：网络食品欺诈不仅会危害消费者的生命健康，干扰消费者的知情权，影响消费者的选择权、公平交易权和安全保障权，还会造成企业之间的不公平竞争。

2.1.2　网络食品欺诈与质量安全现状分析

近年来网络食品销售规模呈爆发式增长，但随之而来的网络食品欺诈问题也屡禁不止。这种趋势不仅是对新兴网络食品行业的打击，同时也使消费者的身体健康和合法权益难以得到保障。虽然国家严打网络食品欺诈行为，但是一些商家制造问题产品的行为屡禁不止，一旦严查修整力度减弱，有一些无良商家、黑作坊就会卷土重来，这也说明我国食品安全规章制度仍旧不太完善。

1. 网络食品欺诈的现实状况

从食品质量安全方面来看，国家食药监总局发布的 2016 年食品安全抽检数据显示，全国范围内组织抽检的 25.7 万批次食品样品的总体抽检合格率为 96.8%，总体抽检合格率与 2015 年大致持平，比 2014 年提高 2.1 个百分点。但是，在不合格食品样品中，有相当大的比例仍然通过网络进行交易，网络食品欺诈现状仍不容乐观。

商家利用网络交易的虚拟性，采取各种手段进行欺诈。一是低价诱惑，许多商家的产品以市场价的半价甚至更低的价格出现，许多消费者因为"贪便宜"而购买，但这类低价食品的来源和质量都是无法保障的。二是虚假广告，许多网络商家提供的产品说明夸大甚至虚假宣传，导致消费者购买到的实物与网上看到的样品不一致。在许多投诉案例中，消费者都反映货到后与样品不相符。有的网上商店把钱骗到手后把服务器关掉，再开一个新的网站故技重施。三是设置格式条款，消费者买货容易退货难，一些网站的购买合同采取格式化条款，对网上售出的商品不承担"三包"责任、没有退换货说明等。消费者购买了质量不好的产品，想换货或者维修时却无计可施。

2. 政府监管网络食品欺诈的情况

在各种网络食品欺诈现象层出不穷、食品质量安全难以得到保障的情况下，国家政府相关部门已经加大监管力度。2016 年 3 月 15 日，经国家食药监总局局务会议审议通过的《网络食品安全违法行为查处办法》自 2016 年 10 月 1 日起施行，其中详细申明网络食品经营的责任和对于违法行为的查处管理，旨在加强对网络食品经营的管理。

同时，据新华网报道，2016 年 6 月 15 日在首届"中国互联网＋食品安全高峰论坛"上，国家食药监总局副局长孙咸泽表示《网络食品经营监督管理办法》即将出台实施。他在致辞中表示，虽然互联网为食品的监管带来新的挑战，但也为食品安全社会共治提供"大数据"支持、风险交流等新契机。总局把"四个最严"作为行动指南对网售食品监管进行探索和创新，将细化网络食品第三方交易平台的监管，加强网售食品安全状况抽检和信息公开，充分保障食品安全和消费者权益。

3. 第三方平台网络食品欺诈和质量安全情况

从第三方平台的情况来看，美团外卖、饿了么、百度外卖等大型网络食品销售平台上存在公示信息涉及虚假的问题。2016 年 7 月，北京市食药监局投诉举报中心共收到有关三大平台的投诉 103 件，其中饿了么 40 件，百度外卖 32 件，美团外卖 31 件。其中有 13 件投诉网络订餐平台公示的许可证信息涉嫌虚假。例如，在美团外卖上经营的"汉味黑鸭"店铺，其公示的餐饮服务许可证为 2016 年 2 月 27 日发放。但根据北京食药监局表示，自 2015 年 11 月 1 日《北京市食品经营许可办法（暂行）》实施起，餐饮服务许可证的制式证件则不再发放，换用对批准从事餐饮经营许可活动的商户均发放《食品经营许可证》的方法。无独有偶，饿了么也存在类似问题。例如，2016 年 8 月 10 日北京食药监局通报饿了么标称的"伏牛堂（王府井）"店铺，曾因未公示许可证信息被通报。经过监测发现，该店铺不但没有下线，而且在应当公示许可证信息的位置上，竟然上传了银行准许其开设存款账户的"开户许可"来顶替。

针对上述情况，目前第三方平台加强了对商家资质的严查，杜绝无证、套证、假证等商家非法经营。从源头上严把商家入驻关，引导商家合法经营。同时，第三方平台开始关注内部管理制度的完善，如商家信用评价系统、商家退市机制、商家日常管理机制等，通过对商家的过程监管，将商家的信用评价信息共享，迫使商家诚信合法经营。饿了么、大众点评、京东商城等第三方平台消费者售后评价，通过"卫生、口味、时效"等指标让消费者对商家打分，平台通过综合评分自动排名。

2.1.3　网络食品欺诈与质量安全消费者调查

中南大学食品安全与政策分析研究课题组为了进一步了解消费者对网络食品欺诈与质量安全的认知状况，进行了第二次调查，调查的地域与过程均与第一次调查相同。共发放问卷 3150 份，回收 3135 份，有效问卷为 3012 份，问卷有效率超过了 95%。调查的有关细节，不再赘述。表 2-1 显示了由东中西部 9 省份 3012 位受访者所构成的总体样本特征。

表 2-1　受访者基本特征的统计性描述（调查二）

特征描述	具体特征	频数/人	占比/%	特征描述	具体特征	频数/人	占比/%
性别	男	1356	45.02	生活地区	城市	2718	90.24
	女	1656	54.98		农村	294	9.76
年龄	0～17 岁	129	4.28	职业	学生	2010	66.73
	18～26 岁	2133	70.82		政府机关	75	2.49
	27～36 岁	387	12.85		企业职工	378	12.55
	37～45 岁	120	3.98		农民	60	2.00
	46～55 岁	231	7.67		事业单位	204	6.77
	56 岁及以上	12	0.40		个体商户	120	3.98
受教育程度	初中及以下	84	2.79		待业	165	5.48
	高中或中专	267	8.86				
	本科或大专	2205	73.21				
	研究生及以上	456	15.14				

数据来源：中国网络食品安全治理 2017 问卷调查

从表 2-1 可知，调查二的样本特征与调查一的样本特征基本一致。其中，女性受访者略多于男性受访者，18～26 岁的受访者比例最高，生活在城市的受访者比例远高于农村受访者，受访者学历层次整体较高，受访者职业以学生为主。

1. 消费者遭受网络食品安全欺诈的主要因素分析

1）网络食品质量安全因素

问卷分析结果显示，45.92%的消费者在网上购买食品时首选"质量高，有生产合格证明"的产品；有 25.90%的受访者会首先根据"用户评价高，特别是有实物图"来选择心仪的食品；14.74%的受访者会首先选择购买"宣传口味好或健康无污染，交易页面设计美观"的食品；只有 7.47%的受访者会首先选择"价格较低或者符合预期价位"的食品；总体样本中，有 5.97%的受访者在做网购食品决策时，会更相信亲朋好友推荐的产品，如图 2-1 所示。从问卷分析结果中可以发现，消费者在网络上购买食品时，价格低已不是占据绝对优势的影响因素，大多数人会更重视产品的质量，这表明我国消费者越来越重视食品安全与质量，食品安全意识也越来越强。

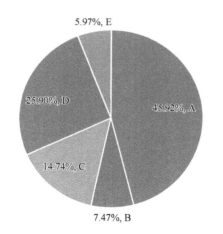

图 2-1　消费者网购食品决策的影响因素

针对目前的"聚划算""组团购""微博白菜集中营"等便宜食品销售活动，问卷调查结果显示，23.90%的消费者从不参与这些销售活动；38.25%的消费者会购买但是参与很少；34.06%的消费者看到特别喜欢的食品时会偶尔购买；只有 3.79%的消费者会经常参与这些销售活动，如图 2-2 所示。从问卷数据可以看出，76.1%的消费者对于便宜的食品存在一定的偏好，给网络食品安全欺诈分子借助这一心理的可乘之机。

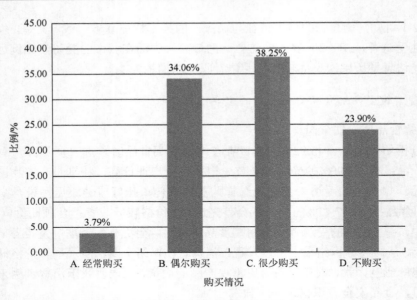

图 2-2　消费者参与便宜食品销售活动情况

2）网络食品生产及运输安全因素

图 2-3 显示，针对"消费者对于网购食品的质量安全最为关注哪一方面"，32.17%的受访者认为自己最关注"网络食品的生产证明和质检总局的检测报告"；同时有 31.87%的受访者比较关注"第三方平台或用户对食品做出的评价"，以此判断食品质量的好坏；24.20%的受访者偏向于关注"网店标注的食品成分含量、保质期等食品质量信息"；也有9.16%的受访者更关心"网络食品的生产厂家及厂址"；只有 2.60%的受访者最为关注物流环节中的"食品运输方式和运输时间"。问卷分析结果表明，超三成的受访者比较倾向于相信政府相关部门提供的食品信息证明，也有近三成的受访者更愿意根据第三方平台或用户对产品进行的质量评价做出购买决策，其他受访者比较关注生产厂家提供的产品质量信息。消费者对于网络食品生产证明和质检总局报告的高度关注，减小了其遭遇网络食品安全欺诈的可能性，但对于第三方平台或用户的评价的高度信任也对第三方平台的管理提出了较高的要求。

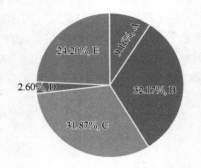

A. 网络食品的生产厂家及厂址

B. 网络食品的生产证明和质检总局的检测报告

C. 第三方平台或用户对食品做出的评价

D. 食品运输方式和运输时间

E. 网店标注的食品成分含量、保质期等食品质量信息

图 2-3　消费者对质量安全信息的偏好

3）消费者选择网络食品消费平台因素

从问卷分析结果可以看出，总体样本 3012 位受访者选择的网购食品平台的分布比较集中，有 49.50%的受访者主要在淘宝、天猫、京东等大型购物平台网购食品；46.02%的受访者主要在饿了么、美团、百度外卖等网络订餐平台购买食品；在微信朋友圈、微博、QQ 等社交平台网购食品的消费者较少，只有 4.48%，如图 2-4 所示。从问卷分析结果可以看出，现在"互联网 + 食品"消费模式受到广大消费者的欢迎，在京东、天猫购买休闲食品、生鲜食品等，在饿了么、美团订购三餐已经成为许多人的日常消费习惯，这也促使了我国食品行业和餐饮业的转型升级。这些大型订餐平台为消费者食品安全提供保障，极大地避免消费者遭受食品安全欺诈。但部分大型订餐平台仍存在经营商家涉及虚假信息欺诈、食品生产质量无法保障的问题，无法杜绝网络食品安全欺诈的可能性。

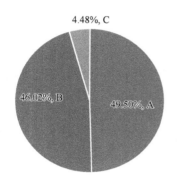

A. 淘宝、天猫、京东等大型购物平台

B. 饿了么、美团、百度外卖等网络订餐平台

C. 微信朋友圈、微博、QQ等社交平台

图 2-4　消费者网络食品消费的平台

2. 消费者防范与应对网络食品欺诈的意识

中南大学食品安全与政策分析研究课题组还针对"消费者遭遇网络食品欺诈的经历"进行了调查，调查结果显示，有 39.44%的受访者曾遇到过"食品夸大虚假宣传，与事实不符"的网络食品欺诈；31.08%的受访者遇到过"食品质量问题（如超过保质期、非法滥用添加剂和防腐剂等）"；3.78%的受访者反映曾遭遇过"付款后，无法因正当理由退换货"的问题；2.79%的受访者反映曾遭遇过"付款后（因物流或店家未发货等原因）无法获取食品"的问题，而 2017 年央视 3·15 晚会也曾曝光"商家退货成老大难"已成为 2016 年网购食品的热点主题；只有 22.91%的网购食品消费者未遇到过网购食品欺诈问题，如图 2-5 所示。从分析结果可以看出，我国网络食品市场虽然发展迅速，但还存在各种各样的问题，光靠政府加强监管是远远不够的，需要消费者、第三方购物平台、生产厂家、社会媒体、行业协会等主体共同努力构建安全的、有序的、和谐的网络食品市场。

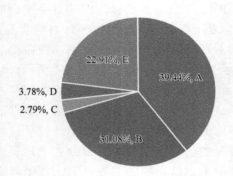

A. 食品夸大虚假宣传, 与事实不符

B. 食品质量问题(如超过保质期、
非法滥用添加剂和防腐剂等)

C. 付款后(因物流或店家未发货等原因)
无法获取食品

D. 付款后, 无法因正当原因退换货

E. 没有遇到过

图 2-5　消费者遭遇网络食品欺诈的经历

当遭遇网络食品欺诈问题后, 47.51%的受访者表示会直接"向店家要求赔偿"; 19.72%的消费者选择直接"向第三方购物平台或消费者协会投诉"来维护自身权益; 也有 13.25%的受访者表示"非常生气, 不会再选择网络购买食品"; 4.98%的消费者则倾向于"向有关监管部门提出申诉", 坚决不容许这种通过侵犯消费者权益来牟取暴利的商家的存在; 此外, 也有 14.54%的受访者表示在网上买食品也花不了几个钱, "吃亏算了, 息事宁人", 如图 2-6 所示。从调查结果可以看出, 超七成的受访者的维权意识还是比较强的, 也有近三成的消费者没有找到正确的维权途径, 维权意识还有待加强。

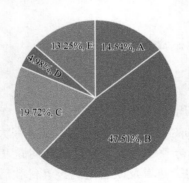

A. 吃亏算了, 息事宁人

B. 向店家要求赔偿

C. 向第三方购物平台或消费者
协会投诉

D. 向有关监管部门提出申诉

E. 非常生气, 不会再选择网络购买食品

图 2-6　网络食品消费者维权途径选择情况

关于"消费者对网络食品欺诈的方式和防范措施的了解程度", 有 42.73%的受访者表示略知一二; 28.98%的受访者比较了解, 只有 2.39%的受访者非常了解网络食品欺诈的方式和防范措施; 22.51%的受访者基本不知道如何防范网络食品欺诈, 也不太了解网络食品欺诈方式, 也有 3.39%的受访者完全不知道网络食品欺诈的方式和防范措施。从图 2-7 可以得知, 我国的网络食品消费者对于网络食品欺诈的方式和防范措施的了解还比较浅, 而网络食品欺诈行为又充斥着整个网络食品市场, 因此, 急需提高我国网络食品消费者的防范欺诈意识, 多了解网络食品欺诈方式, 提高自身警惕性。

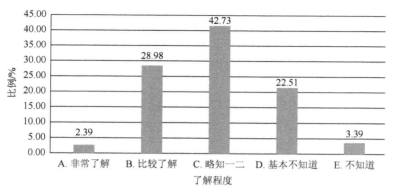

图 2-7　消费者对网络食品欺诈的方式和防范措施的了解程度

要提高网络食品消费者的防范欺诈意识，选择合适的学习途径尤为重要。针对"消费者了解网络食品欺诈和防范措施的途径"，调查结果如图 2-8 所示。受访者通过社会新闻报道来了解网络食品欺诈和相关防范措施的占比最高，达到了 40.54%，也有 29.88%的受访者选择通过社交平台报道和评论来了解，这表明社会媒体在传播信息方面起到了举足轻重的作用，我国应充分重视利用社会媒体来传播与食品安全相关的知识和信息，提高消费者防范网络食品欺诈的意识；具有 15.44%的受访者通过亲身经历或者身边人的经历来了解，只有 6.17%的受访者会通过政府相关部门和机构的宣传来了解网络食品欺诈与相关防范措施，因此政府部门还需要增强其在宣传网络食品安全信息方面的作用。

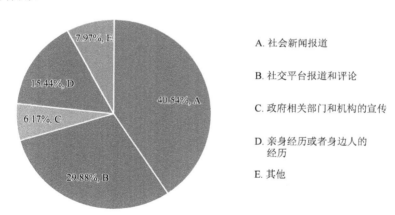

图 2-8　消费者了解网络食品欺诈方式和防范措施的途径

2.2　网络食品欺诈与质量安全典型案例分析

2.2.1　"网红曲奇"黑作坊生产案例

1. 案例描述

从 2016 下半年起，一款曲奇饼干——CHIKO 曲奇，风靡全国，被很多人称为"网红曲奇"。然而让人没想到的是，这款曲奇竟然产自杭州下沙一个地下黑作坊。2017 年 1

月 5 日,杭州市市场监督管理局经济技术开发区分局联合公安部门,一举捣毁了这个深藏网吧的曲奇地下黑作坊。此事源于外省一位消费者的举报电话,这名消费者向杭州市市场监督管理局经济技术开发区分局反映,在下沙头格月雅城三楼的黑豆网吧内有个曲奇黑作坊生产"三无食品"。

接到举报的第二天,杭州市市场监督管理局经济技术开发区分局稽查大队会同经济技术开发区公安分局的民警赶到这家网吧,但并没有发现有地下作坊,仔细寻找,才发现有个小门被伪装成"安全出口"。民警敲开门后,发现七八个工人正在包装曲奇饼干。执法队员发现,这些曲奇饼干外包装标有"CHIKO 曲奇",生产单位是"杭州市欧巴餐饮有限公司",还有 QS 绿色食品安全认证标志。但其负责人许某既拿不出来生产许可证,也拿不出 QS 认证证书,联合执法队当场查封了一台高速曲奇饼干机,收缴曲奇饼干 200 多盒,面粉 3 袋。出于食品安全考虑,现场还销毁半成品曲奇原料 24 筐、黄油一箱和已拆封的面粉 3 袋。

据许某交代,他是 2016 年 10 月 21 日租用了这个 100 平方米左右的房子用于生产加工曲奇。曲奇饼干的销售渠道主要是微信朋友圈和淘宝网。据调查,许某出示的是"杭州市欧巴餐饮有限公司"的营业执照,但该营业执照仅限用于餐饮服务行业,不能用于食品生产行业,而且注册地址不在下沙头格月雅城。

因此,许某的行为不仅属于无证生产,还冒充 QS 食品认证企业,市场监管部门可以按照查实的数额处以 10 倍罚款。同时,决定没收生产设备,其中包括曲奇机、搅拌机等。

然而,尽管许某的网红曲奇黑作坊被联合执法部门查封、取缔了,但对她的生意似乎并没有造成太大影响,许某将原产品名称"CHIKO 曲奇"更名为"寻梦小镇",依然在她的朋友圈和淘宝网销售时下最流行的网红曲奇饼干。

2. 案例分析

在上述案例中,所谓的"网红曲奇"竟是"三无产品",还冒充 QS 食品认证企业,是典型的网络食品欺诈行为。目前,许多商家或个人通过微信等网络平台售卖食品,尤其是个人卖家基本上不具备生产和经营的资质,食品的卫生和质量难以保障。但由于网络食品购买的特性,消费者无法在购买前接触到食品,同时商家广告宣传的蛊惑和消费者自身跟风购买的心理,导致该种情况屡屡发生。具体而言存在以下几点原因。

(1)商家投机取巧,诚信意识缺乏。在利益面前,许多商家和企业不注重提高食品质量而是选择投机取巧。一是出现如本例中的无证经营的"黑作坊"却在网络上使用各种营销手段大肆宣传,蒙蔽消费者的情况。二是部分商家和企业在广告宣传上重金投入,有些企业甚至高价聘请明星为虚假产品"造势",为消费者营造假象。从而以低成本的不合格产品获取高额利润、高回报率,致使网络食品质量欺诈现象盛行。同时造成市场不公平竞争,一些注重产品质量、不做虚假广告的良心企业反而被那些存在食品欺诈行为的企业挤出市场,出现劣币驱逐良币的现象。

(2)消费者维权意识和安全意识有待提高。中南大学食品安全与政策分析研究课题组针对消费者对于网络食品安全欺诈维权的调查发现,42.73%的消费者对网络食品欺诈的方式和防范措施的了解程度为"略知一二",如图 2-7 所介绍。

（3）消费者和厂家之间存在信息不对等的问题，在遭受网络食品安全欺诈的情况下，消费者维权意识和方法不足，出现无渠道维权和不愿维权的现象，无法将消费者层面的网络食品安全监督落实到位，给部分厂家带来可乘之机。此外，消费者的食品安全意识薄弱，对食品质量和安全资质的辨别能力较差，对于一些"网红食品"的追捧和盲目跟风在一定程度上助长了不良商家的违法行为。平台准入和监管不到位，利用微信、淘宝等平台进行食品售卖的准入门槛低，对于准入资质的控制较为宽松，加盟的店铺未经严格审查便允许其经营，也对于部分质量不过关的食品通过欺诈销售提供途径和掩护。同时由于平台上经营商家数量众多，质量参差不齐，以及第三方电子商务平台仍处于高速发展阶段，对于其平台上的商家把关不严，致使诸多存在问题的商家进入平台，对外提供食品销售服务出现问题后，不愿背负责任，逃之夭夭，难以查处。

2.2.2　网购蜂蜜掺假案例

1. 案例描述

据《新京报》报道，《新京报》记者将从淘宝、1 号店、京东商城等渠道购买的 8 种蜂蜜，以及从消费者家中收集到的 2 种从网上购买的蜂蜜，送往专业检测机构北京智云达科技股份有限公司进行检测，发现 7 种蜂蜜涉嫌掺假嫌疑，添加了蔗糖、糊精等物质。这些经过"加工"的蜂蜜产品仍以"土蜂蜜"自称，消费者对其真假难辨。

此次检测的蜂蜜价格大多在二三十元内，最低的售价仅有 12 元。记者购买时咨询淘宝"四明山双金冠蜂蜜店""农夫花蜜""玉琳花香"等网店，客服人员均称是"纯天然、无添加"的农家土蜂蜜，价钱低是赔钱赚信誉。

智云达科技股份有限公司食品安全检测机构人员指出，市场上发现的掺杂、掺假蜂蜜，有的是掺入成本更低的蔗糖或转化糖，有的是用淀粉、糊精和白糖等物质熬制后加入部分蜂蜜，成本也较低，购买蜂蜜时对价格特别低廉的要谨慎购买。

在检测结果出来后，记者对检出有疑似掺假成分的蜂蜜生产厂家、网店客服进行回访，大部分都坚称没有添加其他物质。

1 号店的自营商品"蜜研坊"小熊蜂蜜在其瓶身包装上标有热线电话，但是在调查期间已成空号。对此，1 号店客服表示会先联系供应商进行确认，尽快给出答复。

淘宝的疑似掺假商家，在记者追问时，依然坚称是纯蜂蜜，如果觉得质量有问题，可以申请退货退款。一些进口蜂蜜的包装上还看不到中文标识，仅此一项就属于不合格经营。

2. 案例分析

在本案例中，网购的 8 种蜂蜜中 7 种均涉嫌掺假，在信息不对称的情况下，消费者一方面无法接触到食品的具体情况，另一方面难以辨别食品的真假，给了商家可乘之机。此外，在网络售卖的过程中，由于消费者无法接触到实物，只能凭借商家对产品的宣传和说明，而很多商家为了增加销量，往往夸大其词，频繁使用"纯天然""无添加"等词语欺骗消费者，属于宣传欺诈行为。目前，网络售卖的产品成千上万，导致政府部门的监管难度加大，第三方平台的资质审查也存在漏洞，具体原因如下。

　　1）商家违法成本低

　　食品的掺假造假的辨别难度大,非专业人士的消费者很难通过自身知识与生活阅历来辨别出食品的真假。国家针对食品的质量采取抽样检测的方式,面对网络经营的跨区域性、隐蔽性的特点,大多数生产商甘愿冒险造假以牟高利。

　　2）第三方电商平台商家资质审查不严格

　　网络食品经营发展初期,作为第三方平台还不能充分发挥其监督监管职能,面对千千万万的入网商家,商家资质审查的难度增加,网店信息的真实性核实时效有限。因此出现大量无证经营、套证经营、假证经营等现象。再加上消费者与商家的信息不对称,更加容易出现消费者因为商家的诱导而购买到有质量问题的食品,遭受网络食品欺诈。

　　作为消费者,在进行网购时,一定要选择可靠的大品牌第三方平台和商家,全面了解商品详情,谨慎购买,切不可图便宜而购买到问题食品。

2.3　网络食品欺诈与质量安全治理的困境

　　从我国网络食品监管方面来看,由于网络食品欺诈和质量管控等方面的立法空白,网络自身的虚拟性、可隐蔽性强等,政府对于网络食品的监管仍然处于初级阶段,对于网络食品的质量安全、销售方式、进货方式、贮存方式、运输方式尚未实现有效全面的监管和治理,客观上导致网络食品欺诈仍有漏洞可钻。

2.3.1　相关立法不完善

　　存在立法不完善的困境。网络食品欺诈除了惯用实体销售食品时使用的“无污染”“有机食品”等宣传手法,还有其独有的特点,如利用购物网站的用户评价进行“刷单”行为,借助“销量第一”“金冠店铺”“买家最爱”等虚拟头衔引导甚至误导消费者选择。另外,网络进口食品销售质量难以保证,部分进口食品没有中文标签注解,由于网络买家文化水平参差不齐,部分买家难以获取具体食品成分含量、生产日期、是否会致敏等信息。而对于这些行为,目前仍未存在针对性法律对其进行规范。

　　现有法律规定存在模糊性。《网络食品安全违法行为查处办法》中第十一条规定,网络食品交易第三方平台提供者应当对入网食品生产经营者食品生产经营许可证、入网食品添加剂生产企业生产许可证等材料进行审查,如实记录并及时更新。但对于“网络食品交易第三方平台”的定义存在一定的模糊性,现今通过微信、微博、QQ 等社交平台进行食品销售的行为并不少见,由此发生的食品安全欺诈和质量安全问题也不在少数,而微商这类食品销售渠道是否属于网络食品交易第三方平台尚存在疑问。

2.3.2　市场准入门槛较低

　　网络食品销售市场准入门槛较低,对于网络食品经营主体的资质把关难。虽然《网络食品安全违法行为查处办法》已经规定网络食品交易第三方平台提供者应该对入网食品生产者进行相关食品生产经营许可证等证书的审查以及相关食品保质期的审核,但在执行方面仍存在问题。部分网络食品交易第三方平台上仍存在不少不具备认证证书以及资质的卖家,如《新京报》报道,一家名为"宁远县好放心米业"店铺销售的"碧烟稻 15kg"产品,页面上冠以"绿色有机健康非转基因大米"的名义,售价为 75 元。但《新京报》记者在中国农产品质量安全网、中国食品农产品认证信息系统中查询发现,该产品厂家宁远县好放心米业有限责任公司,仅取得了一项编号为"WGH-16-01652"的无公害农产品认证,并不具备有机认证证书及资质。界定模糊、准入门槛低的微商等社交平台食品销售者的食品质量安全更无法保证。

2.3.3 监管和执法较为困难

管辖范围难以规范,管辖权难以分配。由于互联网技术的飞速发展,网络食品销售突破了地域的限制,网络食品欺诈行为的发生地点、违法食品的生产地点、贮存地点不在同一个区域,往往跨越多个省市,难以根据属地来划分管辖范围。同时对于这种没有明显疆域性质的网络食品欺诈行为,要判定案件的管辖权与开展取证工作存在极大的困难。

政府部门监管难。即使《网络商品交易及有关服务行为管理暂行办法》赋予了政府监管机构对网络市场经营主体进行监管的权力,但在实际的执行过程中仍存在问题。一方面,部分网络食品生产经营者提供的信息并不全面,甚至存在虚假信息,监管部门信息掌握不全面,现存的食品安全监管体系使监管部门难以发现网络食品欺诈违法行为。部分食品销售欺诈者宣传"鲜榨""无污染""有机食品"等,但不具有实际有机认证证书,部分消费者无法辨别或者对此并不重视,双方一方愿意出售,另一方愿意购买,如果没有人员进行举报或者质量检验,监管部门很难发现这些行为。另一方面,网络上生产经营的场所也存在多平台经营、变化灵活性强等特点,导致第三方平台向监管部门提供的信息缺乏时效性和真实性,造成部门获取的信息不准确或者缺乏及时性。

政府部门监管调查难、取证难、查处取缔难,难以建立长效机制。互联网的电子证据特有的属性决定它容易被篡改、难以完好保存,导致对于食品安全和网络食品诈骗的取证难,调查工作无从展开和持续进行。由于网络食品销售市场准入门槛较低,网络食品销售者并不一定有固定的经营场所,其进行食品欺诈的成本低,容易更换网络销售场所,更换场所后仍可继续经营,执法人员发现进行查处后,无法或者难以找到相关违法欺诈者,使得查处工作难以进行,也难以彻底取缔。

2.3.4 缺乏维权保障机制

网络食品欺诈难以治理和食品质量安全难以管控的根本原因在于,缺乏保障机制,消费者维权难度大。一方面维权证据难以获取,网络食品交易多数不开具相关发票或收据,消费者发现遭受食品欺诈时难以向有关部门出示相关证据,使得维权工作难以进行;另一方面多数网络食品生产销售者未经过工商部门注册登记,容易出现厂址、联系方式虚假,网店关停、店主跑路现象，造成工商部门难以调查取证和取缔查处，也难以对欺诈者的违法行为进行审判。

进行维权的空间跨度大、成本高。网络食品交易多涉及异地维权，甚至境外维权，监管部门的管辖权难以划定。同时消费者遭受网络食品欺诈时，极有可能出现消费者、网站平台经营者、欺诈者处在相距甚远的不同地域的情况，组织多方进行取证难度大、成本高，需要长时间的协调和大范围的监管部门之间的调动。而我国尚未有完整的消费投诉处理体系也是难以实现网络食品欺诈管理和食品安全质量监管的原因所在。

第3章 网络食品舆情风险与信用危机

3.1 网络食品舆情风险与信用危机现状

3.1.1 网络食品舆情风险与信用危机的定义

1. 网络食品舆情风险

一般来说，舆情是指公众、媒体等主体在面对社会现象与社会问题时，所表现出来的意见、情绪、态度等的总和。舆情风险就是根据特定问题的需要，针对这个问题的舆情进行深层次的思维加工和分析研究，得到相关结论的过程。针对食品安全的特点，对食品安全网络舆情做如下定义：由食品安全事件引发的，由网络媒体、网民等主体对食品安全事件的报道、转载和评论，并在民众认知、情感和意志基础上，对食品安全形势、食品安全监管所产生的主观态度。在这里提到的食品安全事件包括食品中有毒有害因素引起的安全事故和新发布的食品安全政策[①]。

食品安全网络舆情是网民情绪、意见和行为倾向的综合体现，在网络上可以通过不同的途径表现出来，如网络新闻、新闻跟帖、论坛帖文、博客、即时通信工具和电子邮件等，主要具有以下特点。

（1）时效性强。互联网的飞速发展使得目前的信息传播所需要的时间明显缩短，而单位时间内能传播的信息量却明显增加。

（2）互动性强。现在，越来越多的政府机关部门开设了自己的微博公众号及微信公众平台，越来越多的媒体报道下设评论功能，越来越多的直播平台开启了食品安全政策讲解板块，这打破了公众和政策之间的壁垒，使得公众可以实时关注政策动态，自由发表评论想法，及时参与政策的实施和改善。

（3）针对性强。网媒的特点即向特定人群推送特定的信息，这保证了信息送达的准确性。同时，不同的职能部门会根据不同的职能进行平台建设，在受众需要查看时，可以很容易通过相关名词检索找到专业性平台，得到有价值的结果。

（4）真实性和可靠性不稳定。在人人都能成为自媒体，人人都能第一时间传达信息的今天，许多信息传播的真实性、可靠性有待考量，因此有关部门需要加强对于网络热词、敏感词的监控，对网络流传的信息、舆情进行真伪鉴别，制定科学有效的干预措施。

2. 网络食品安全信用危机

信用是指依附在人之间、单位之间和商品交易之间形成的一种相互信任的生产关系和社会关系。随着互联网时代的来临，网络食品已经走进了现代人的生活，对于消费者来说，

---

① 洪巍，吴林海. 中国食品安全网络舆情发展报告. 2013：5.

综合考量网络食品信用，从而做出更好的消费决策成了生活中的重要环节。下面将从网络食品信息信用、网络食品评论信用以及网络食品舆情信用三个方面考察。

1）网络食品信息信用特性

食品安全网络信息，是指社会各个主体依法利用互联网平台，发表和传播职责规定、自己关注或与自身利益紧密相关的食品安全事务的规制、意见、态度、认知、情感、意愿的综合。

随着互联网技术的高速发展，公众可以通过网络获取大量信息，这对于整个社会体系下食品安全信用的管理和维护是机遇也是挑战。机遇在于，我国的网络食品安全监管防控事业尚处于起步阶段，互联网信息发展态势良好，有利于我国政府部门顺应时代潮流，改善信息传播模式和引导制度，利用新兴发展的媒体工具和公众对于信息的反应特征进行更有效的管理。而在这种形势下，挑战依旧存在，在信息不对称的传播模式下，公众的情绪极易受到媒体信息影响，公众对于网络食品安全的判断和观点往往缺乏理性思考，进而在当前信息传播极为便利的推波助澜下造成大规模的以讹传讹，形成社会恐慌。

2）网络食品评论信用特性

由于网络食品主要通过电子商务平台进行运营和操作，存在虚拟性和跨地区性，消费者只能通过商家介绍和商品评价来判断是否进行消费行为。具体而言，网络食品评论信用具有以下基本特征。

（1）匿名发表。网络食品评论在网络平台的发布是对外保密的，这对于消费者而言是一种保护。

（2）较大的真实性。基于匿名发表的特性，已购买的用户可在保证人身安全的情况下，在平台上自由全面地发表对于商品的看法与评价（负面信息也可发表）；同时，许多网络平台提供的用户认证和识别机制，也在一定程度上制约了消费者的评论，对于常常无故给出中差评的用户，平台将对该用户予以警告，同时对商家做出一定程度的保护。因此，在这种保障和一定程度的制约下，网络食品评论具有较大的真实性。

（3）没有空间和时间的局限，保存时间长。所有的食品信息都可以在便携电子设备上随时翻阅查看，平台系统将在云端保留交易记录及各种商品评论，对于消费者提出的对于商品的问题，这种评论机制下支持随时询问和随时解答。

（4）交互性较强。在这种评论机制中，任何人都可以针对商品和平台进行及时的提问，能够非常迅速地收到解答。在他人遇到问题并提出时，自己也可以进行问题的解答。这样因某种商品集合而成的小社区使得消费者之间的信息沟通更加顺畅，优化了用户体验，也增加了商品评论性信息的可信度。

3）网络食品舆情信用特性

食品安全网络舆情，是指由各种食品安全事件所引发的，并通过互联网表达与传播的多种意见、情绪、态度的总和，会对公众的食品消费产生更为广泛与深远的影响。

近年来，我国网络食品安全事件频发，大量惊讶、愤怒甚至无奈的情绪夹杂在食品安全信息中，通过网络快速传播，影响公众对网络食品安全风险的认知与评价，导致公众对食品安全状况的满意度持续低迷。一方面我国的食品工业发展不充分、面临诸多问题，类似于毒奶粉、"100%纯果汁"、黑作坊入驻"饿了么"网络订餐平台等事件会大大降低公众对我国的网络食品安全的满意度，并打击其对国内网络食品市场的信心，减少对国产食品的消费，从而对国内食品行业的健康发展产生负面影响，甚至给相关食品行业带来致命性的打击。另一方面，这些网络食品安全事件通过网络的迅速传播会产生极其广泛的社会影响，容易引发社会的网络食品安全恐慌心理，甚至威胁社会稳定。

3.1.2 网络食品舆情风险与信用危机现状分析

近年来，一些关于食品方面的新闻报道为攫取受众的注意力，经常出现故弄玄虚、耸人听闻、偷换概念、哗众取宠等的"标题党"的情况，可以将其称为"语言暴力"，这种食品领域频繁出现的"语言暴力"不仅难以还原真实的新闻，体现其新闻价值，而且非常容易误导受众。网络食品由于其销售平台和购买群体的特殊性，在面对网络"语言暴力"时相对于线下食品其信息传播速度更快，造成的损失也更大。

目前，网络食品舆情具有如下特点。

（1）舆论主体层次参差不齐。网络食品购物中，每一个用户都可以成为大量信息的制作者、发布者、接收者和互动者。从接收信息到传播信息，再到制造信息，社会公众在收集和传播信息的过程中获得了更多的言论自由和话语权。同时，随着科学技术的不断发展、新媒体的广泛应用和互联网用户的迅速增长，群众参与新媒体互动、发表自身观点的门槛已经越来越低，这必然吸引了更多的社会公众参与其中。众所周知，在虚拟的网络世界里，公众可以完全抛弃现实世界的真实身份，因为在虚拟的互联网世界没有任何身份地位、权力财产等的实际差距，没有民族、年龄、性别、社会阶层的区分，因此不管是学识渊博的博士还是文化层次较低的小学毕业生，不管是亿万富翁还是普通农民工，他们在互联网领域都拥有平等的话语权，随时随地能够自由地发出自己的声音。这种互动性、即时性和便捷性使得信息以圈子化、熟人化的方式，以更加具有"确定性的"姿态出现在网络平台上，并且具有蛊惑性。但是，由于社会舆论的主体存在素质良莠不齐的现状，社会公众在对各类题目和信息进行理性思考与逻辑判断时必然存在差异，知识储备不丰富或者不够理智的一部分人可能更容易出现盲从和非理性的行为倾向，这样的后果是，更为严重的信息失真或者谣言传播得更为迅速和广泛，最终酿成整个社会恐慌，形成舆情的社会公共事件。在这样的形势之下，众多未经甄别的网络食品安全事件就迅速成为媒体与社会公众关注的热点。

（2）容易出现"群体极化"现象。在公共诉求取得表面的胜利之后，应该意识到：任何力量的过度放大，都可能会模糊事件背后的真实。法国知名社会心理学家古斯塔夫·勒庞是群体心理学的创始人，有"群体社会的马基雅维利"之称，他在《乌合之众——大众心理研究》[①]一书中论述在传统社会因素毁灭、工业时代巨变的基础上，"群体的时代"已经到来。他认为，个人一旦进入群体之中，他的个性便被湮没了，而群体的行为往往表现为无异议、情绪化甚至低智商。在群体时代，群体效应更加明显，在"打酱油""躲猫猫""人肉搜索"等词汇的背后，其实聚集着巨大的情绪力量。而在新媒体时代的今天，网络食品安全事件中更容易出现"群体极化"现象。所谓的"群体极化"是指社会公众从一开始就对某些客观存在事件存在主观的偏向，在经过集体讨论后，社会公众更加肯定地朝着群体喜好的偏向继续

① 古斯塔夫·勒庞. 乌合之众——大众心理研究. 冯克利, 译. 北京：中央编译出版社, 2005.

移动，并最终形成了极端的观点①。鉴于人们对食品安全问题的较高的关注度，食品安全问题具有高度敏感性，食品安全信息更容易被公众联系自身进行分析解读，因此在新旧媒体的舆情发酵的过程中，网络食品安全舆情事件就很容易出现整个公众"群体极化"的现象。突发的网络食品安全舆情事件的"群体极化"现象可以理解为，当一个没有经过科学权威解释的网络食品安全舆情事件在一个特定的群体内进行传播时，群体的观点由相对接近到观点一致，最后某一个"理所应当"的结论逐渐占据群体观点的上风，这使得群体意见呈现出同质化甚至极度化的特点，最常见的表现是这部分群体成员对这一个没有经过科学权威解释的论调的无条件相信。这种"群体极化"现象的发展过程一般可以分为三个阶段：第一个阶段可以称为"群体极化"的发酵酝酿期。某个突发的网络食品安全舆情事件在初次传播的过程中，常常以与人民健康密切相关却又道听途说的谣言为载体，这样的舆情事件很可能导致一些特定群体（通常是网络食品消费者）的利益受到威胁，导致一些负面情绪甚至是抵抗诉求短时间内在这一特定群体中呈燎原之势迅速蔓延，"群体极化"处在发酵酝酿阶段。第二个阶段是"群体极化"的发展徘徊期。在群体众多的情绪和诉求中，一些群体"舆论领袖"（群体中热衷于传播消息和表达意见的人，或者同时是某一方面的专家，他们的意见往往左右周围的人②）横空出世，在他们的舆论引导下，针对这些谣言是否真实的问题，持有不同观点的群体成员之间就"舆论领袖"的观点进行一段时间的争论，群体意见处在徘徊阶段。第三个阶段是"群体极化"的窗口爆发期。经过群体成员间一个时间段的徘徊和争论，群体意见会逐渐向群体中"舆论领袖"的方向转变和聚集，这通常表现为群体中的绝大部分成员对"舆论领袖"的相信，而少数持有不同观点的人在争辩声音中渐息并最终选择了沉默，"从众流瀑"现象在此时出现，谣言在传播的过程中也逐渐达到顶峰；新媒体在这个时候扮演了"极化机器"的角色，"极化点"在此时被迅速引爆，"群体极化"现象就此形成。

（3）群众对网络食品安全监管诉求高。近几年，随着食品安全法律法规的宣传，法律意识已经不断深入人心，群众用法律武器维护自己合法权益的意识不断提升，加上党的十八大以后中央持续加大反腐倡廉力度，更坚定了群众维权的信心。群众对食品在网络平台销售和购买过程中出现的问题以及对涉及的不安全因素，通过投诉、向媒体爆料、网络吐槽围观等方式进行维权。另外，公众对食品安全的关注已不仅仅局限在投诉维权上，已开始关注食品药品监管工作的能力和水平，且期望值很高。在新媒体时代，对于多部门在媒体或网络上的不当回应或言论，公众普遍认为部门之间互相推诿，对部门不回应、回应速度慢、监管空白等问题提出质疑或投诉的情况也越来越多。

3.1.3　网络食品舆情风险与信用危机消费者调查

1. 网络食品信息信用状况

1）对于食品描述性信息的认可程度

调查结果表明，有 50.30% 的受调查者表示，商家的食品描述会较大程度上影响自己的

① 肖鹏英. 危机管理. 广州：华南理工大学出版社，2007.
② 胡丹. 政府微博新闻传播及对其传统媒体的影响——从"最火的政府微博"谈起. 新闻世界，2011，（3）：68-70.

购买倾向,有17.33%的受调查者认为商家食品描述对于自己的购买倾向影响非常大,26.00%的消费者认为该因素对于自己的购买倾向影响一般,6.37%的受调查者认为,商家的描述对自己的购买倾向影响较弱甚至没有影响,如图3-1所示。

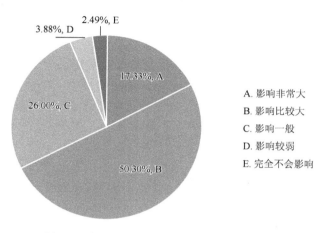

图 3-1　食品描述性信息对消费者的影响程度

以上数据说明,有 80%以上的消费者会受到商家给出的食品描述的影响,该因素对于消费者而言是购买食品的重要参考。

2)对食品描述性信息的偏好程度

调查结果显示,有 42.13%的受调查者表示比较关注产品包装的配料、营养成分描述,30.08%的受调查者表示对此类信息的关注一般,而 16.33%的受调查者表示自己非常关注该类信息,不怎么关注和不关注此类信息的受调查者占总人数的 11.46%,如图 3-2 所示。

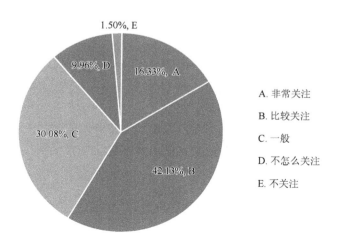

图 3-2　消费者对食品描述性信息的偏好程度

从上述数据可以看出,88.54%的受调查者对于食品的配料、成分有一定的判别分析能力，他们在购买产品时往往会将产品构成是否健康合理纳入影响决策的因素中去。

随着科技的发展和信息时代的来临，人们获取信息和知识的方式将越来越便捷，拥有更多的知识意味着拥有更高的辨别能力，未来，人们很有可能会加大对于网络食品构成的了解程度，人们对于生活质量和食品质量及安全的要求将日益升高。

3）希望食品企业提供的信息

统计结果表明，有 42.23% 的消费者表示希望食品企业提供所使用的食品添加剂类型、比例以及国家的通用标准，30.18% 的消费者表示希望食品企业提供食品安全相关的认证证书，16.04% 的消费者希望食品企业提供对食品运输贮存条件及要求的描述，11.55% 的消费者认为食品企业需要注明食品食用相关的注意事项，如图 3-3 所示。

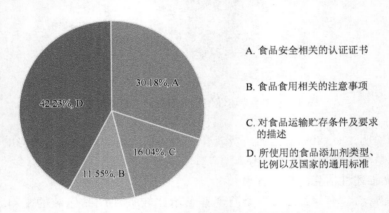

图 3-3　消费者希望食品企业提供的信息

上述四个选项中，认证证书、通用标准都是硬指标，需要专业机构提供可靠的检测才能得到。这两个选项的高票结果，表明了消费者希望更多地了解食品行业的标准界定，用标准指标来衡量产品是否值得消费，这也说明了消费者消费观念开始越来越理性，希望有更多标准化的手段使得食物的安全评定更加透明、更加实在。

同样，可以看出消费者对于食品的运输存储条件及要求的信息需求也不在少数，食品销售不仅是一个生产和质量检测的过程，也包括后续的运输及运输条件的严格把关，运输要求的公开透明及标准化。

对于食品食用相关的注意事项的标明也是许多消费者所需要的，食品信息的标注应该充分考虑消费者的诉求，告知消费者此类食品的食用方法、食用禁忌等。

2. 网络食品评论的信用状况

从图 3-4 中可以看出，有 20.62% 的受调查者认为其他消费者的用户评价对自己的购买行为产生影响非常大，57.87% 的受调查者认为其他消费者的用户评价对自己的购买行为产生影响比较大，17.63% 的受调查者认为其他消费者的用户评价对自己的购买行为影响一般，仅 3.88% 的消费者认为其他消费者的用户评价对于自己的购买行为影响较弱甚至没有影响。

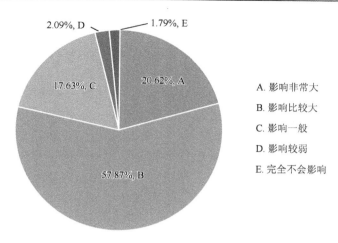

图 3-4　用户评价对消费者购买行为的影响

　　通过翻阅一定的文献资料，发现可以将消费者的线上购买决策过程分为以下几个步骤：确认需要→信息收集→比较选择→购买决策→购后评价。

　　这一题设中的"其他消费者的用户评价"为消费者进行信息收集这一步骤的重要参照，这一步骤所展现出来的产品质量将直接影响接下来的选择和决策，因此，线上的用户评论对于产品的销售尤为重要，对大多数消费者的消费决策都有着较大影响。

　　调查结果显示，有过半数的受访者（53.49%）认为网络商城上的卖家信用等级对于自己的购买行为影响比较大，22.31%的受调查者认为网络商城上的卖家信用等级对于自己的购买行为影响一般，而 18.53%的受调查者认为该因素对于自己的购买行为影响非常大，剩余受调查者中，认为该因素对自己的购买行为影响较弱的人数占总人数的4.28%，有 1.39%的受调查者认为网络商城上的卖家信用等级对自己的购买行为完全没有影响，如图 3-5 所示。

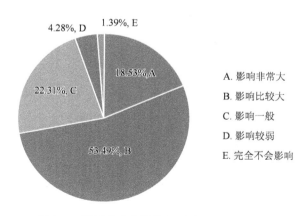

图 3-5　商城卖家信用等级对购买决策的影响

　　从上述结果中可以看出，网络商城上卖家信用等级对于大多数消费者都是有参考借鉴作用的，对 70%以上的人群有着较大甚至极大的影响力。

　　在消费者的线上购买决策中，信用等级在消费者的比较选择这一步骤中贡献很大，随着线上购物、线上购物平台的发展壮大，越来越多的相关行业应运而生，如好评师等。这虽然可以成为许多商家制造良好评论的一个途径，但是对于消费者来说，虚假的网络商品信息评论无疑会明显影响自身购买决策的准确性，进而影响后续的用户体验。因此这时，许多消费者越发重视各大平台对商家给出的信用评级，在选购之初，更多的消费者愿意去评级更高的店铺消费；在商品相同时，店铺的评级往往成为购买决策的重要参考；在店铺评分相同时，消费者会更多地去比较评分细分项各项的得分情况，权衡各项权重最终做出自己的评判。

3. 网络食品舆情的信用状况

　　通过调查研究，总结出近几年网络食品舆情的信用状况有以下几个特点和发展趋势。

　　（1）网络成为食品问题曝光的主要源头和渠道，食品安全监督呈现全民参与态势。

　　（2）因食品领域专业知识普及不足，在食品安全事件发生后，网络为谣言、流言等异化信息传播提供滋生土壤的可能性增加。

　　（3）个别媒体夸大性报道加剧食品安全恐慌的倾向值得注意。

　　（4）相关部门处置思维仍待改进，"第一声音"出现时效与民众期望还有差距。

　　调查结果显示，1/4 左右（25.80%）的消费者最为相信的信息是政府网站及政务微信提供的信息；紧随其后的则是主流新闻媒体的报道及评论（占调查总人数的14.03%）、第三方平台的商家评论及买家评论（占调查总人数的 13.25%）、身边人口耳相传（占总调查人数的 13.05%）；接着，认为知乎、贴吧、百度知道等论坛提供的信息最为可信的消费者有 8.76%，更加相信微博、微信信息的消费者为 7.57%；对于其他选项，只有少部分消费者展现了对其的认可相信，其中报纸杂志为 6.08%、电视电台为 5.68%、门户网站为 3.49%、知网等智库网站为 2.29%，如图 3-6 所示。

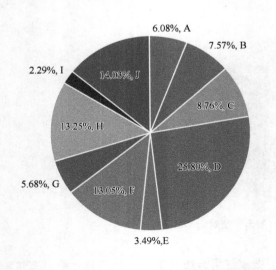

A. 报纸杂志

B. 微博、微信

C. 知乎、贴吧、百度知道等论坛

D. 政府网站及政务微信

E. 门户网站

F. 身边人口耳相传

G. 电视电台

H. 第三方平台的商家评价及买家评价
　（如淘宝、京东、美团、饿了么）

I. 知网等智库网站

J. 主流新闻媒体报道及评论
　（凤凰网、央广网、新华网等）

图 3-6　消费者对媒体的信任程度

从上述数据可以看出，政府网站及政务微信是许多消费者选择相信的食品安全信息传播渠道，但是仍有近 3/4 的消费者更为相信其他食品安全信息的传播途径，主要原因如下所示。

（1）政府网站及政务微信建设宣传力度小，没有真正形成大规模的传播效应，其网站微信上传的食品安全信息时常无人问津。

（2）政府网站及政务微信上传的食品安全类文章语言较为书面，重点不甚突出，造成了阅读者阅读困难、没耐心，使得信息传播不到位、不准确。

（3）政府网站及政务微信的平台公信力亟待加强。调查结果中显示的主流新闻媒体的报道及评论由于具有重点明确、影响力大、公信力相对较强等特点，其对于食品安全的报道能够获得消费者较大程度上的认可。商家评论及买家评论作为消费者购买决策过程中信息搜集和信息比较中的重要的参照，也得到了许多消费者的积极认可。身边人口耳相传作为重要的外部因素，也在极大程度上影响消费者对于信息的可信度评估。

在新媒体盛行的时代，各类论坛及社交平台上用户激增，从这类平台上收获的信息也呈爆炸趋势增长，在这种情势下，有不少的消费者也选择相信这些平台上的食品安全信息。

最后几种信息传播途径，如电台电视、报纸杂志、智库网站等，关注的用户越来越少，没有显现出自己的传播优势。

在关于消费者更愿意相信哪个类型的信息上，可以看到官方政策影响力最大，占了总人数的 22.51%；而更多的人愿意相信官方、媒体和权威发声，其中选择相信媒体深度剖析的人占 17.33%，更愿意相信政府官方推送消息的人占 14.74%，更愿意相信专家学者的发言探讨和政府工作人员的评论解释的分别占总人数的 5.38% 和 6.08%；而事件本身的传播量、热度等成了消费者信任程度最低的因素：只有 3.29% 的人原意相信由影响力较大的非官方政府媒体推送的消息，5.18% 的人愿意相信家人朋友转发的消息，而相信事件内容本身的人占了总人数的 9.86%，还有 13.74% 的人愿意相信转发次数多、点赞多、阅读量大的"爆款"信息，如图 3-7 所示。

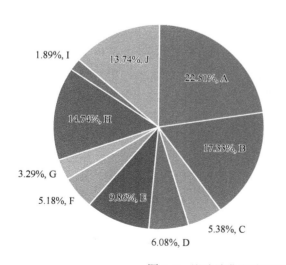

A. 颁布的政策本身

B. 媒体的深度剖析

C. 专家学者的发言探讨

D. 政府工作人员的评论解释

E. 事件内容的本身

F. 由家人朋友转发的信息

G. 由影响力较大的非官方政府媒体推送的消息(VISTA看天下，新京报)

H. 由政府官方推送的消息

I. 由影响力较大的"大V"推送转发的消息(非专业食品安全机构)

J. 转发次数多、点赞多、阅读量大的"爆款"信息

图 3-7　影响消费者购买的主要因素

消费者在面对网络食品的信息时，更加愿意相信政府和官方发声，人们受政策和官方影响比较大，政府应当加强网络食品方面的监管力度和发声频次，以保证消费者的权益。

主流媒体也成了影响消费者在网络食品认知上的重要因素，其中媒体的深度剖析是消费者更加愿意看到的，媒体应当增加对网络食品安全事件的曝光和监管，媒体影响力是保障消费者权益的重要一环。

消费者在面对网络食品信息的时候是比较理智的，愿意相信影响力较大的非官方政府媒体推送的消息和朋友亲人转发信息的人占比很小，在食品安全上消费者保持相对理智的态度，更加愿意相信官方权威的信息。但同时也必须注意的是，打击网络食品安全的谣言、虚假营销和虚假信息也不可懈怠。

3.2　网络食品安全舆情风险与信用危机的案例分析

3.2.1　"双十一"网购食品舆情风险案例

1. 案例描述

据媒体报道，2016 年"双十一"天猫交易额创下 912.17 亿元的世界纪录，服装、食品等快消品贡献巨大。"双十一"购物节活动刺激了食品行业消费，让各大食品企业拥有了展示实力和品牌形象的机会。

食品企业积极"备战"情况、价格战，以及售卖情况等是媒体报道的主要话题，《生鲜电商暗比精细化运营　新浪微博切入社交电商》《奶粉企业狂欢节低价薄利陪跑　多企业选择冷处理》《茅台动员经销商回购产品　与电商决战"双十一"》等报道层出不穷。除此之外，食药监部门针对消费者的提醒，以及消费者对网售食品质量安全的担忧也是媒体关注的重点。

"双十一"前期，中国食品机械网引用业内人士预测，指出通过近年来对电商平台的食品品类监控，发现红枣、坚果、蔓越莓饼干等产品成为网络月销量"爆款"，并预计"双十一"也将取得良好销量。中华网报道则聚焦民众关心的问题即食品安全品质，认为"双十一"食品电商难打"价格战"，安全品质才是王道，报道认为越来越多的消费者选择网购生鲜食品，同时物流配送服务和食品安全以及保鲜问题依然是消费者最为关心的问题。

另外，政府监管部门针对"双十一"网购可能带来的食品安全问题，通过发布提醒和宣传相关法律法规，营造良好的消费环境，引导消费者理性选择和消费。例如，国家发展和改革委员会强调，网络零售商明令禁止使用"仅限今日"和"明日涨价"等语言诱导消费者购买。同时有针对性地进行法律法规的宣传，提醒消费者熟悉网购新规，积极维权。

"双十一"购物节又创新纪录，影响国内外，舆论反思消费狂欢后的弊端。例如，"双十一"刺激中国市场对澳大利亚奶粉的需求，令买不到奶粉的澳大利亚妈妈非常愤怒。有媒体分析认为，消费者消费激情受到过度刺激和影响，对于中国经济的转型并非有利，同时也对产业的发展有制约影响。

2. 案例分析

（1）"双十一"历年高销量纪录，吸引着各行业的关注与聚焦。作为"双十一"主要贡献之一的食品领域，其安全质量问题同样被列为重点关注的对象。商家通过网络媒体大范围、大力度的报道与宣传，吸引消费者的关注，通过大数据精准营销，进一步刺激消费者的消费需求。

（2）在"双十一"价格战的刺激下，消费者购买便宜商品的需求被深深激发，迅速加入网购食品的行列中来。由于"双十一"前后网络舆情主导因素过大，消费者的消费以感性消费为主，理性消费偏低，往往受商家引诱而购买很多不在计划内的商品，很容易出现售后问题，尤其是食品质量安全问题。这也是"双十一"节后大量的网购食品维权、退换货的现象出现的原因。

3.2.2　网络食品安全信任修复案例分析

1. 案例描述

百度外卖是由百度打造的专门提供外卖送餐服务的平台，是 O2O 模式的典型代表。百度外卖于 2014 年 5 月 20 日正式推出，主攻市场是中高端白领市场，截至 2015 年 11 月，已覆盖全国 100 多个一二三线城市，为几十万家优质餐饮商家提供外卖中介服务平台，涉及餐饮类型有正餐快餐类、小吃甜点类、咖啡饮品类等，截至目前平台注册用户量已经达到了 3000 多万人，在外卖服务业的实力不容小觑。

百度外卖极其注重消费者的消费体验和品质，消费者可以通过地理位置搜索到附近的外卖信息，可自由选择配送时间、支付方式，并添加备注和发票信息，随时随地下单，快速配送到手，完成一次足不出户的美食体验，充分实现个性化服务。

但随着越来越多的餐饮商家入驻和管理不善，百度外卖曝出黑作坊的丑闻。外卖平台上充斥着一些无卫生许可证、健康证，同时设施不完善，厨房环境脏乱差，食材发霉变质的黑作坊，引发了大众对于外卖服务平台食品安全问题的关注。这对一直以"只做有品质的外卖"为口号的百度外卖无疑是一种讽刺。这些负面消息在一定程度上影响了百度外卖的销售业绩和信任危机，在掀起外卖热潮的同时，这种影响人们健康的黑作坊，无疑使得人们对于网络食品安全问题持着怀疑的态度，引发信任危机。

2016 年 3 月 18 日，"饿了么"网络订餐平台诸多问题被曝光后，北京工商系统联合食药监部门，开展了对无照无证餐饮单位的排查工作。同时，北京食药监局要求"饿了么"北京区、百度外卖、到家美食会、美团等多家网络餐饮运营商开展自我检查并且清除不合格的餐饮商家。

2016 年 8 月 9 日，《新京报》独家刊发《百度"生态厨房"过期菜品做外卖》调查报道，17 饭、巩大夜宵、安小卤、有家下午茶、顶味源这些百度外卖上的店铺，餐品经营种类看似不同，实际由同一线下厨房生产。这些虚拟店或用虚假地址，或多店共用一个地址，或无门面，或证照存疑，卫生状况堪忧。在集中生产配送中，使用过期食材、剪刀拌饭等问题频出，常有已经加工完成的售出食品被重新放入冰柜，多次重新加热后再进行销售。

百度外卖相关负责人称，百度外卖方面对于媒体的相关报道积极回应，并在第一时间成立调查小组，对涉事商户进行全面彻底检查。2016 年 8 月 10 日起，将北京 16 家"生态厨房"全部下线。作为第三方外卖平台，百度外卖对于商户的违规行为持"零容忍"态度，将从商户证照资质、后厨环境等多个方面对商户进行全面检查，如果发现违规现象，将依据平台商户管理办法，对违规商户进行严厉处罚，并报告食药监部门，积极协助政府部门的严格管理。百度外卖及时回应媒体报道的一些负面消息而不是推脱责任的态度，在一定程度上对于人们心中的企业形象具有一定积极的影响，这种不回避责任的态度，会让之前因黑作坊而产生的负面影响减少，这种处置手段是维护企业形象和对网络食品信任的一种修复工作，尽最大可能地减少损害。

2. 案例分析

随着我国网络经济的迅猛发展和现代化生活节奏的加快，网络订餐因其方便快捷、价格低廉、食品种类繁多而受消费者青睐。然而，这种"互联网＋订餐"的模式在给传统餐饮服务行业注入新的商机和活力的同时，也带来了许多食品安全隐患。

（1）由于网络食品的经营主要通过电子商务来进行运营和操作，存在虚拟性和跨地区性。消费者只能通过商家介绍和商品评价来判断是否进行消费行为，消费者可能因线上交易时的信息不对称面临更大的食品安全信用风险，如对于网络食品经营者是否按照条件要求储藏消费食品，是否符合保鲜、保温、冷藏或冷冻等特殊储藏要求。网络食品的特殊性也决定了行政管辖、案件调查、证据固定、处罚执行、消费者权益保护等面临着很大的挑战。

（2）监管不严，规章制度建立不全。网络食品的出现无疑给人民生活带来便利和快捷，但频频被新闻媒体曝出一些影响人们健康的负面新闻，同时也揭露了当今社会上层出不穷的食品安全问题。一方面网络食品交易市场的需求日益剧增，"足不出户就可以尝遍天下美食"的消费习惯逐渐形成，网络食品供应量不断增加；另一方面，无证件经营、卫生监督出现纰漏、假冒伪劣产品则乘虚而入，造成网络食品安全信用问题。

（3）市场需求量大，平台提供的服务包装精美，看似贴心高效，致使消费者往往只着眼于服务本身，对于食品安全信息的筛查意识并不强。随着现代化生活节奏的加快，对于大部分人来说外卖服务既方便又节约时间。一方面，外卖食物品种多样化，口味丰富，通过外卖服务平台可以尝遍各地特色美食，同时送餐上门的便利，使得当今社会中忙碌的工作人员和大学生消费者人数增加。另一方面，网络销售食品不受营业时间和空间的限制，可以最大限度地为消费者提供便利，使得消费者随时随地地获得服务。餐饮企业上网，便于顾客了解餐饮企业的情况，同时也方便餐饮企业很方便地了解顾客需求、消费偏好和消费心理。顾客用餐评价、调查问卷和在线咨询等都是有效的调研工具，另外，利用网络还可以加快顾客信息反馈速度，使得企业根据消费者偏好及时调整策略。

　　虽然看起来是双赢的交易，但是由于一些经营者只考虑自己经营利润最大化以及食品监管部门的打击力度不够等，精美的外包下并没有严格的标准可供参考反馈，消费者常常被把控住消费心理，被图片文字所吸引，买到好看、香味重而安全卫生不达标的网络食品。近年来，一些外卖服务平台的黑作坊的负面新闻也是层出不穷。

3.3　网络食品安全信用塑造的困境

　　基于上述网络食品信用缺失的现状发现，消费者作为整个市场中生产流通的一个主体，他们的安全意识淡薄，自我保护做得不够。同时，消费者对于网络食品信用的态度，依旧处于容易受到外界因素刺激，并随之不断改变的状态中。那么本着为消费者提出诉求，为网络食品行业解决问题的想法，进一步研究网络食品信用塑造的困境。所发现的信用塑造困境有以下几点。

1. 网络食品生产信息的不对称

　　信息不对称就是指在交易的过程中一方拥有与交易密切相关的信息，而另一方却对这些信息毫不知情，从而造成交易的结果明显不利于信息缺乏一方的情况。在网络食品交易市场中，消费者和食品生产者、加工者、销售者之间存在着严重的信息不对称状态。对于消费者来说，他对自己所购买的食品在原材料、加工、包装、运输环节的具体情况一无所知，从而会在不知情的情况下购买不合格食品，导致食品安全事故发生。消费者在网购食品过程中，由于部分商家的刻意隐瞒，往往无法真切得知所购买食品的所有有效信息。

2. 消费心理的不成熟

　　我国作为人口大国，消费需求必然比其他国家更加旺盛，但由于我国尚处于改革开放过程中，人民生活水平虽然不断提高，但是总体来说支付能力普遍较低。主要体现在以价格为主要考虑因素的选择购物传统理念与习惯上：以价格为主导的消费偏好加上旺盛的市场需求，给价格低廉存在质量问题的不合格食品提供了巨大的市场空间和以薄利多销为主的盈利手段的利润空间，从而纵容了不法网络食品生产者的嚣张气焰。很多不良食品生产者和供应商从中取利尝到甜头就会变本加厉、更加毫无节制地利用消费者的这种消费理念来牟取更大的利润，消费者以价格低廉而自以为购买到实惠划算的食品而沾沾自喜时，却不知已上当受骗，成为"有毒"食品的受害者，影响自身的健康，这是一个不断循环往复的生产销售链条，以至于食品安全问题事件发生得越来越频繁。

3. 自我防范意识和维权意识较弱

　　很多消费者在购买网络食品时并没有关注产品的保质期、生产厂家、生产日期等相关产品信息，甚至都没有保留票据的习惯，有些消费者更是购买网络产品后忽略相关信息而直接食用。此外，消费者在遭受不洁网络食品的侵害后，也常常选择自认倒霉，认为追究责任太过于费时费力，甚至以破财消灾的心理来宽慰自己。

消费者的自我防范意识薄弱和应对食品卫生问题持有的消极态度，也是构成食品安全问题层出不穷的原因之一。当消费者也肩负着一部分生产者责任时，自我防范意识薄弱就必然会导致生产过程中对产品卫生安全的疏忽，增加食品安全问题的发生概率。

第4章 网络食品安全监管风险

4.1 网络食品安全监管现状分析

4.1.1 网络食品安全监管的定义与特征

1. 网络食品安全监管的定义

随着电子商务的迅猛发展，第三方配送的日益发达，移动支付的多样化以及消费需求的不断升级，越来越多的消费者选择在网上进行消费，尤其是通过网络购买食品，即"互联网+食品"这一新兴业态已成为网络消费的主流消费项目。由于这类消费方式具有时尚、便捷、快速等优点，网络购买食品深受广大消费者的热爱与追捧。但在消费者足不出户享受各地美食的同时，网络食品安全问题也层出不穷，随之而来的网络食品安全监管就成了网络食品交易市场健康有序发展的重要课题。

关于网络食品安全监管至今尚无明确、统一的定义。一般来讲，网络食品安全监管是指政府有关部门及其他组织为保障网络食品安全所采取的一系列政策、措施、制度、方法的总和。

网络食品安全监管涉及多个社会主体，包括消费者、第三方网络交易平台、生产商和代理商、第三方检疫机构、物流配送机构、政府监管部门、新闻媒体等。消费者的积极参与、消费评价与反馈可以限制商家的不诚信经营行为；第三方网络交易平台则通过对商家入网、退市等环节严格把关，进行信用评价体系建设与提供信用信息共享服务从而对商家优胜劣汰；第三方检疫机构的检疫检测，以及联合新闻媒体曝光典型事件，迫使商家以及行业形成自律的经营氛围和统一的生产经营标准；政府对行业法律法规的完善，让各社会主体在法律赋予的权利义务范围内有效发挥其监管职能。

完善网络食品安全监管是一个国家、一个地区网络食品行业健康发展的根本，也是维护人民生命财产的根本途径。

2. 网络食品安全监管的特征

网络食品安全监管主要是以政府监管部门为核心，以网络交易平台、第三方检验检疫机构、行业协会、消费者等监管为辅助，共同对网络食品质量与安全进行监督。网络食品安全监管有以下几方面的特征。

（1）监管难度大。网络食品安全监管涉及面广、监管难度大，对各地区监管机构的跨区域合作有较高的要求。目前，网络食品交易市场中的网络食品经营主体越来越多，同一主体开展线下和线上交易的频率也越来越高。随之而来的网络食品安全监管与立法问题也变得相对复杂，涉及食品销售信息的发布、第三方电商平台、线上线下结算、第三方配送、质量检疫等各个环节。同时，由于互联网经营具有虚拟性、跨地域、网络信息易更改以及网络交易信息的不对称性等特征，这为互联网食品安全事件的案件调查、取证、处罚和消费者权益的保护带来了极大的挑战，这些错综复杂的因素都使得网络食品安全监管的难度越来越大。

（2）监管主体多样。网络食品安全监管主体除了政府监管部门，还有网络食品交易平台、第三方检验检疫机构、行业协会以及消费者自身等，各个主体的监管责任不同，但有着统一的目标，就是保障网络食品质量与安全。

（3）多为跨区域执法。消费者通过网络购买食品，可足不出户享受全国各地甚至全世界美食。互联网交易在带来消费的方便快捷的同时，给违法交易的立案、取证、执法带来了极大的不便，不再是问题发生地单方面的执法问题，而是涉及交易平台所在地、商家注册地等多地执法问题。这就要求相关执法部门相互协作，跨区域执法，共同保护消费者的合法权益。

4.1.2　网络食品安全监管参与主体现状分析

1. 政府部门

政府这一主体对网络食品安全具有重大的监管作用。政府高度参与到网络食品安全监管活动中，通过出台并颁发与网络食品安全相关的法律法规，确保网络食品的生产、经营、销售过程规范、合法；通过政府官方渠道宣传推广网络食品安全知识，曝光典型事件，引导消费者理性消费，辨别问题商品，培养消费者的食品安全意识，提高消费者维护自身合法权益意识等手段，提高网络食品的安全与监督。

目前，涉及网络食品安全监管的主要部门包括国务院农业行政、质量监督、工商行政管理、卫生行政和国家食药监等部门。国家食药监总局主管全国网络食品经营监督管理工作。县级以上地方食药监部门负责本行政区域内的网络食品经营监督管理工作。同时，国家工商行政管理总局对网络食品交易及服务也有监管职责。政府监管部门的网络食品安全监管现状主要体现在以下几点。

（1）监管主体"一主多辅"。在监管主体方面，《食品安全法》将多部门分段监管食品安全的体制转变为由食药监部门统一负责食品生产、流通和餐饮服务监管的相对集中的体制。实际上，这一变化是将2013年国务院对食品药品监督管理体制的改革落实并细化在法律层面，而食药监职能的整合于2014年已经在全国范围内基本完成。新法下，多部门分段监管将成为历史，食药监"一揽子"主导监管，其他部门包括卫生部门、工商部门、质监部门则发挥辅助监管作用。

（2）监管全过程、全方位。监管从源头阶段延伸至食用农产品、新增食品存储和运输管理，渠道上增加网上销售的管理规则，对生产和流通提出更多监管要求，以及将食品添加剂全面纳入《食品安全法》管辖范围。

（3）风险分级管理。目前，我国食品生产经营按照风险进行分级管理，风险等级从低到高分为 A 级风险、B 级风险、C 级风险和 D 级风险 4 个等级。对 A 级的食品生产经营者，原则上每年至少监督检查 1 次；B 级检查 1~2 次；C 级检查 2~3 次；D 级检查 3~4 次。食品生产经营者的风险等级为动态调整，食药监部门根据当年食品生产经营者日常监督检查、监督抽检、违法行为查处、食品安全事故应对、不安全食品召回等食品安全监督管理记录情况，对辖区内的食品安全经营者的下一年度风险等级进行动态调整。

（4）责任约谈制度。对于食品生产经营过程中存在安全隐患、未及时采取措施消除的，食药监部门可以对食品生产经营者的法定代表人或者主要负责人进行责任约谈。食药监部门未及时发现食品安全系统性风险，未及时消除监督管理区域内的食品安全隐患的，本级人民政府可以对其主要负责人进行责任约谈。责任约谈具有法律效力。责任约谈情况和整改情况会纳入食品生产经营者的食品安全信用档案。同时，责任约谈情况和整改情况也是当地人民政府和相关食品安全监督管理部门的考核依据。

2. 网络平台

网络食品交易平台有自建自营平台如中粮我买网，还有第三方交易平台如饿了么、京东等，网络食品交易平台在提供平台供各商家入网进行网上交易时，依据国家相关法律法规，需要对入驻商家进行资质审查，例如，应当对入网食品生产经营者食品生产经营许可证、入网食品添加剂生产企业生产许可证等材料进行审查；应当对入网食用农产品生产经营者营业执照、入网食品添加剂经营者营业执照以及入网交易食用农产品的个人的身份证号码等信息进行登记。

网络食品安全相关法律法规的出台，约束各个网络平台承担起自身的监管职责，目前各个网络食品交易平台也依次做出了相应的监管措施，主要是从以下几个方面担负起网络食品交易平台的监管职责的。

（1）加强内部管理，设立专职部门。目前，网络食品交易平台依据网络食品安全法律法规，均设立了相关部门对入网商家进行资质审查，如各大平台的市场部，主要是对入网商家的营业执照、食品经营许可证等资质审查，以及针对商家下线实体店铺的基本信息与提交到平台的信息进行核查。例如，经历了 2016 年央视 3·15 晚会曝光的食品安全问题的饿了么网上订餐平台，后期设立了专属的 24 小时服务专线，接受消费者和媒体的监督，同时还加强了内部员工的食品安全培训，定期邀请监管部门进行相关法律法规的培训。再如，中粮集团设立了食品质量中心，从消费者需求出发，以生产源头到出口管理和最终服务来建立全产业链的专业机制，通过一物一码全程追溯，确保食品安全有序可控。

（2）联通政府信息，实现线上线下齐抓共管。网络食品交易平台的监督检查信息，可以通过平台自身进行公示，也可以反馈给政府监管部门，由政府监管部门核实并依法处理。目前，建立起平台与政府的信息共享，将是网络食品安全监管进行的最为有效的举措。

　　饿了么作为网络食品交易第三方平台，经历了 2016 年央视 3·15 晚会曝光的网络食品安全问题之后，加大对内部管理，据 TechWeb 报道，饿了么除了自身的订餐 APP，还推出了名叫"食安服务"的 APP，这款 APP 并不是给普通消费者使用的，而是给食品监管部门提供的。据报道，这款 APP 于 2016 年底开始研发，监管范围覆盖饿了么上海地区全部餐厅。饿了么方面介绍，最新一版的 APP 包括风险反馈、食安学堂等 6 项核心功能，使用者进入主界面后，可以看到上海各地区的食品防线反馈总体情况，包含平台受理的食安投诉和平台自查自纠的食安排查两项内容。

　　（3）联合第三方食品安全检验检疫机构，建立行业公约。在网络食品安全检验检疫方面，政府通过"神秘买家"制度，抽查抽检网络平台上商家的食品质量安全情况。目前，法律法规不断鼓励第三方平台引入第三方机构开展质量安全认证、食品抽检评价等措施，各大生鲜电商平台也开始逐步引入食品安全自检机制，如易果生鲜在供应链库房中自建食品安全检测实验室；壹家壹站引入天津海吉星农产品质量检测中心，对出入库的农产品、食品等进行定期抽检并公布检测报告。

3. 生产商、代理商的自检自律现状

　　网络食品经营主体——生产商/代理商，在保障网络食品安全中起着绝对重要的作用。网络食品经营的虚拟性以及跨区域性，使得网络食品监管的难度明显增加。政府在网络食品的政策法规方面的滞后性、监管力度的不足以及商家违法成本较低等，都让商家存在侥幸的心理，在网络食品交易中寻求投机机会以牟取高额利益。

　　中南大学食品安全与政策分析研究课题组调查发现关于网络食品安全监管方面，消费者最为担心的也是"商家产品质量不过关"，如图 4-1 所示。同时，调查结果还显示，网购食品风险类型中，绝大多数消费者最为关注的是食品添加剂以及化学物质的违法添加使用，如图 4-2 所示。

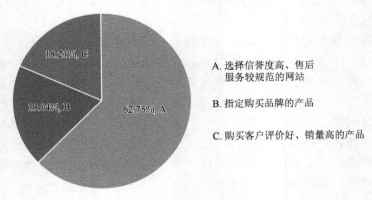

图 4-1　消费者在网购食品时保障产品质量的方式

　　引导网络食品生产商、代理商进行诚信经营、安全生产，才能为消费者提供安全健康的食品，做好这一群体的监督管理工作，因此，提高生产商、代理商的自律意识至关重要。

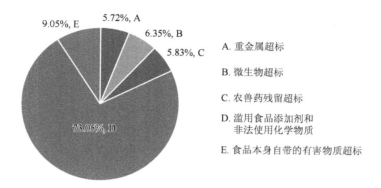

图 4-2　网购食品的安全类型

调查组在调查中还发现，加强政府对违规企业的惩处以及媒体的曝光，是对于这一群体实施监督监管最有效的措施。同时督促网络食品生产商建立完善的食品生产标准体系、自建或者配合第三方网络平台建立完善的商家信用评价体系也是比较有效的监管措施，如图 4-3 所示。

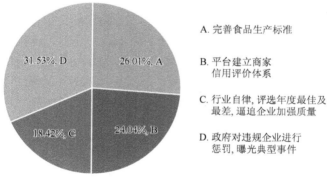

图 4-3　网络食品生产商的安全监管措施

生产商、代理商自身在对食品安全进行监管时，往往缺乏自下而上的检疫检查机制以及各层级检疫检测结果记录的存档。由于生产规模、生产时间以及地址等现实情况差异较大，大多数生产商采取抽样自检的方式进行检测，政府监管部门则不定期进行抽样检测，第三方检测机构由于成本较高，所以介入较少。而中小企业，特别是小作坊，往往不会将自检作为必要的程序，这也是食品生产标准需完善的重要环节。特别是随着"互联网＋食品"新业态的迅速发展，通过微信朋友圈自卖小手工作坊和家庭厨房制作的食品的业务模式比比皆是，但都基本无法达到自检的要求。因此，在网络食品安全监管过程中，将网络食品生产商、代理商纳入食品安全社会公治体系，从源头上保障网络食品安全势在必行。

4. 第三方检测机构

第三方检测机构的有序发展，对于网络交易食品的质量与安全有着强有力的保障作用。在中南大学食品安全与政策分析研究课题组第一次问卷调查过程中，调查组成员发现，绝大部分消费者认为"商家的产品质量不过关"是最令人担心的网络食品安全问题。而第三方检测机构可以给消费者乃至商家及媒体提供食品安全检测的渠道，从而更有力地促进商家生产、加工及销售安全的食品。目前，我国食品安全抽检的真实性存在漏洞，信息化程度偏低，结果有待公正。2015 年 1 月，国家食药监总局发布《食品安全抽样检验管理办法》并于次月正式实施，该办法就食品安全抽样检验工作做了明确规范。网络食品安全查处办法中多了"神秘买家"这一规定，让第三方检测机构乃至政府检测部门不但可以以普通消费者的身份购买食品，还可以封存产品进行抽样检测，无形中给了商家不定期突袭检查的压力，这有利于督促商家做好食品生产、经营及销售的每一个环节。

目前，由于生鲜农产品具有易腐烂、保质期短等特点，商家往往大量或过量添加化学制剂、添加剂等以延长保鲜期。因此在生鲜农产品电商领域中，企业自身亟须意识到问题的严重性，同时联合第三方检测机构，严格检疫，严把质量关，共同确保源头产品的质量安全。上海万有全生鲜食品配送中心，是上海万有全集团下属的一家大中型生鲜食品配送企业。该企业通过自建食品安全检测室，每天对蔬菜农药含量进行检测，并记录在册，同时在配送中心还对加工、贮存和运输中的各个环节都进行严格的管理。正是因为有了生鲜食品源头的检测以及存储、运输的过程监控，才让该企业不断发展壮大，成为同行业中名列前茅的专业配送公司。该企业是凭借着自身的优势以及经营理念，自建食品安全检测中心，以保障消费者的健康安全，从而获得了良好的口碑，赢得了大量消费者的信任。目前，第三方检测机构也在逐渐发挥着越来越重要的作用，通过第三方食品安全检测机构以弥补网络食品安全监管体制中的不足，提高检测效率的同时，降低网络食品安全问题的发生率，是我国网络食品安全监管体制优化改革的良好对策。

5. 新闻媒体的舆论监督

舆论监督具有事实公开、传播快速、影响广发、揭露深刻、导向明显、处置及时等特点，媒体的深究报道能够引起社会各界的高度关注，促使相关部门公开信息，秉公处理，对违法犯罪分子及时依法严惩。媒体是民众了解外部世界的主要渠道，在食品监管过程中，媒体的首要责任应该是及时准确地对事件进行客观报道，以媒体报道的真实性，促进民众对政府发布的信息和社会监督的信任。如日本媒体的独立自主性就很强，一旦出现食品安全事件，从政府到涉案企业，均会受到新闻媒体的抨击，言辞狠厉，通过舆论迫使涉案主体主动承担责任和解决问题。

反观中国，媒体的独立性还有待增强，目前我国媒体在食品安全监管，特别是网络食品安全监管中还存在以下问题。

（1）报道不实，缺乏求证，肆意追求舆论效应。如 2006 年的"海南注红药水西瓜"事件，事后查明是媒体记者臆想出来的。

（2）故意隐瞒食品安全事故。回顾"三鹿奶粉事件"，有消息称三鹿集团早在 2008 年 5 月左右就出现有关奶粉污染的问题，但是直到 2008 年 8 月奥运会结束，各大网站和媒体才广泛报道。而深入调查追踪之后发现，三鹿集团实际上在 2005 年的"大头奶粉"事件中，就已然身在其中，但随后的相关报道中却出现无故将三鹿奶粉从问题奶粉名单中删除的现象。

究其原因，媒体在食品安全监督权力上缺少法律保障，目前我国尚没有明确的法律条文保障媒体的监督权力，媒体往往受制于当地政府或者权威机构。同样，法律也没有对媒体的不实报道规定问责机制，再加上媒体从业人员的自律性，媒体在食品安全监管的作用发挥得越来越弱，甚至是反作用。

6. 消费者

作为网络食品安全监管的核心要素之一的消费者，其参与程度对整个监管的有效性尤为重要。中南大学食品安全与政策分析研究课题组调查发现，当消费者在网购食品过程中遇到食品质量与安全问题时，48.60%的消费者直接找商家理论、退货，还有 24.66%的消费者则是自认倒霉，扔掉不吃，较少的消费者选择向监管机构或者第三方平台商投诉，如图 4-4 所示。可见，消费者在网络食品出现安全问题时，自主维权的意识不强，大有听之任之之势。如果能有效构建消费者参与网络食品安全监管制度，把消费者参与网络食品安全监管的积极性调动起来，真正实现人人关注食品安全，人人对违法行为喊打，才是真正实现了社会共治机制的建设。

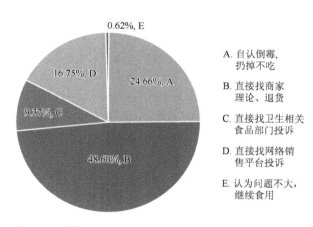

A. 自认倒霉，扔掉不吃
B. 直接找商家理论、退货
C. 直接找卫生相关食品部门投诉
D. 直接找网络销售平台投诉
E. 认为问题不大，继续食用

图 4-4 网络食品出现安全问题时消费者所采取的措施

4.2 网络食品安全监管风险案例分析

目前我国网络食品安全监管问题主要集中在网络食品的质量不合格、入网商家经营信息与消费者信息不对称、网售食品流通渠道等方面，尤其是入网商家经营信息与消费者之间信息的不对称，导致入网商家可以肆意更改网店信息，甚至夸大虚假宣传，出现"一店多开"等现象，加上第三方平台的监督管理职能未能有效发挥，从而引发一系列网络食品安全问题。同时生鲜农产品电商的存储及配送方面的特殊要求，以及我国冷链运输发展的现状，导致这一部分网售食品在食品安全的监管上难度加剧。

4.2.1　央视 3·15 晚会 "饿了么" 事件分析

1. 案例描述

"饿了么" 是一家网上订餐平台。公司创立于 2009 年 4 月，由张旭豪、康嘉等在上海创立，隶属于上海拉扎斯信息科技有限公司。

2016 年 3 月 15 日晚，央视 3·15 晚会曝光的第一个对象就是 "饿了么" 网上订餐平台。在一个个曝光的案例中，多家没有营业执照的餐馆堂而皇之地出现在了 "饿了么" 订餐平台上。记者通过暗访发现，订餐平台上餐馆照片精美干净、亮丽规范，实际上则是油污横流、刺鼻难闻、不堪入目，甚至有镜头拍到厨师试菜后又将其扔进锅内继续烹饪的画面，食品安全与卫生状况令人触目惊心。

事实上，关于 "饿了么" 等网络订餐平台出现的 "套证、借证等违规餐厅" 事件，北京、上海、四川等多地媒体都曾曝光过。上海食药监局已经对上海拉扎斯信息科技有限公司（即 "饿了么" 公司注册名称）进行立案调查并通报。上海食药监局 2015 年 11 月针对 "饿了么" 未对入网食品经营者审查许可证、违反《食品安全法》第六十二条规定的这一行为，处罚人民币 12 万元。

对于 2016 年央视 3·15 晚会期间曝光的涉嫌违反《食品安全法》的行为，约谈其主要负责人并正式立案调查。同时要求 "饿了么" 等网络订餐平台向监管部门提交线上商家数据，并纳入诚信体系，对这些商家进行分级监管。

"饿了么" 创始人张旭豪在约谈中表示，公司将通过以下几个方面全力整改，力争严格规范平台经营秩序，为行业梳理带头作用：①千人客服 24 小时待命，接待食品安全投诉；②优化开店申请流程，三大部门联动审核；③与权威金融机构合作，食品安全问题急速赔付；④推行 "明厨亮灶" 计划，餐厅后厨全程直播；⑤政企联合互通信息，线上线下齐抓共管；⑥餐饮从业者加强自律，建立行业公约；⑦发展质量放首位，制定员工食品安全培训长期规划。据统计，2016 年 3·15 晚会之后，"饿了么" 对全平台商户的食品卫生安全及资质进行了全面审查。在线上线下的严格核查下，截至 2016 年 3 月 27 日，平台上共 11918 家餐厅补全了证照和实景照片资料，另有 21305 家餐厅因违规经营（无证无照、证照不全、假证、套证、超范围经营等）被立刻下线。

2. 案例分析

央视曝光的 "饿了么" 网络订餐平台食品安全问题是近年来快速扩张的网络订餐存在众多问题中的一个缩影，我国网络订餐平台遭遇前所未有的信任危机。究其根本，主要存在以下方面问题。

1）"饿了么" 平台企业自身原因

（1）对入网商户资质审查不严格。"饿了么" 自成立至今，其业务范围已经涵盖了全国 300 多个城市，近 50 万商户，餐厅存量巨大。在发展初期自身管理较松、急速抢占市场份额，加上政策法规的不完善，导致第三方网络交易平台对入网商户的资质核查、证照采集等工作没有一步到位。除此之外，其他许多网络订餐第三方交易平台基本都本着 "先进来经营、先抢占市场份额"的目的，对入网商户的资质未做强烈要求，商户的证照信息也未做第一时间的核查，结果导致诸如"饿了么"平台出现的"一店多开"、市场人员私自篡改商户地址信息、网上商家证照信息与实际不符、无证照信息等现象丛生，从而引发一系列的网络食品安全问题。

（2）对存量商户日常经营监管缺乏力度。"饿了么"存量商户数量巨大，遍布全国各大中小城市，而平台线下的市场人员数量有限，针对商户信息的核查排查方面没有做到位，对商户日常的经营监管缺乏力度。2016 年央视 3·15 晚会曝光"饿了么"事件后，在 2017 年 2 月，又发生了北京"饿了么"平台 3 家违规餐厅被查的事件。这三家店铺分别是"麦特汉堡餐厅""英雄堡炸鸡汉堡""李记腊汁肉夹馍"，它们均不具备餐饮服务经营资质，所在地的大兴区食药监局已对其线下实际经营者进行了依法查处。其中"李记腊汁肉夹馍"的外卖店铺实际为冒名经营，无任何食品经营和餐饮服务资质，现场完全不具备食品生产加工条件，而其在"饿了么"平台上的证照是其隔壁某超市的《食品经营许可证》的扫描件。

经过一年的整改，作为中国专业的 O2O 餐饮平台，"饿了么"依然存在入网商户资质及违法经营问题。

2）线下商家法律意识薄弱，诚信经营欠缺

作为第三方交易平台，"饿了么"在发展初期为了吸纳更多商家入驻，更是推出免网络店铺租金，提供各种补贴等激励政策。越来越多的商家也逐渐体验到通过网络销售食品的好处，不仅是品牌的推广，更是足不出户就可将食品外销到周边地区。面对众多有利条件，商家无一不选择加入互联网的逐利浪潮中以获取更多的价值。

从问卷调查的结果（图 4-5）可以看出，38.81%的消费者认为产生网络食品安全的主要原因是食品生产加工企业和个人利益熏心，为了在互联网的浪潮中逐利，不惜背弃诚信经营、采取虚假经营以获得高额利益。同时法律不健全，监管与惩处力度不够，导致商家违法成本较低，很多线下商家在利益的驱使下，愿意铤而走险。很多线下商家法律意识淡薄、证照不齐、经营场所不合格等，在"互联网 + 食品"的经营虚拟化和跨区域化的特征下，商家的经营资质的真实性变得更加难以排查。进而出现了如"饿了么"平台上的商家无证、套证、假证等现象。市场的监管是必不可少的一个环节，但是作为线下商家，自身的诚信经营、法律意识的增加也是必不可少的条件。

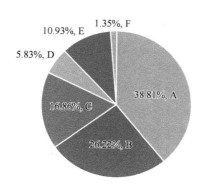

图 4-5 网络食品安全问题发生的主要原因分析

3）网络食品发展速度太快，配套的法律法规相对滞后

中国"互联网＋食品"新业态发展之初，中国的食品安全法律法规还较少涉及网络食品经营领域。2015 年《食品安全法》中首次对网络食品交易活动进行了规定，由于只有两条规定，无法完全覆盖网络食品交易活动，再加上互联网技术的高速发展，越来越多的新兴网络产品诞生，导致刚刚生效的法律法规已经无法满足现状。例如，"微店"、自制小食品通过微信朋友圈、微博、QQ 等媒介交易的现象，《食品安全法》并未纳入说明与监管。

《食品安全法》中规定了第三方应当如实提供入网经营者的基本信息，包括名称、地址、联系方式，不能提供的由第三方对损害进行赔偿，虽然规定了第三方提供信息，但并没有规定提供信息的时间限制，因此才会出现诸如"饿了么"第三方平台上绝大多数存量商户仍存在证照信息不完善、线上线下信息正式性排查不及时的现象。

4.2.2　易果生鲜的全流程冷链标准化模式的案例分析

1. 案例描述

2015 年李克强总理在两会期间提出"互联网＋"战略以及"线上线下互动消费"的O2O 模式，他强调互联网与实体经济二者之间的相互融通可带动实体经济的转型升级。生鲜农产品电子商务则是一种典型的 O2O 经营模式，该种模式运用互联网在网上直接销售生鲜农产品（一般包括果蔬类、肉类、水产类等产品）。这一类食品具有鲜活、易腐烂的特点，对于运输及存储方式有很高的要求。

易果生鲜于 2005 年在上海成立，公司名为上海易果电子商务公司。易果生鲜作为其电商平台，经营水果、蔬菜、水产、肉类、禽蛋、食品饮料、甜点、酒类礼品礼券 8 大品类共 3200 种产品，以"常温、冰鲜、冻鲜、活鲜"4 种形式，全程冷链运输，全年无休鲜活配送，包括常温产品在内的配送服务覆盖达 367 个城市。成立之初就致力于向重生活品质的都市中高端家庭提供精品生鲜食材，倡导优选食材，忠于原味。

自 2005 年易果生鲜成立，开启生鲜电商的第一波热潮后，2012 年，顺丰优选、亚马逊、淘宝生态农业频道、京东商城、本地生活网 5 家电商公司先后涉足生鲜食品行业。2014 年中央 1 号文件出台，明确表示加强农产品电子商务平台建设成为农业的重要发展任务，此后，生鲜电商如雨后春笋般蓬勃发展。据统计，2012 年中国生鲜电商市场规模达 35.6 亿元，2013 年为 126.7 亿元，2014 年为 275.0 亿元，2015 年为 497.1 亿元，2016年更是呈井喷式增长，市场规模达到 904.6 亿元，增长速度非常快。然而在生鲜电商高速发展的同时，很多生鲜电商平台快速崛起也快速灭亡，如壹桌网、美味七七、水果营行、优菜网、土淘网等生鲜电商平台频繁陷入倒闭困境。2016 年初，上海生鲜电商平台壹桌网被爆已下架全部商品，总部已人去楼空，陷入倒闭传闻。2016 年 4 月 7 日，美味七七宣布因资金链断裂暂停营业并关闭官网。2015 年 12 月水果营行南宁站率先出现突然关停，随后广州、深圳等城市的门店也大量关门，公司完全停止运作。在大量生鲜电商纷纷倒闭的严峻形势下，易果生鲜则异军突起，历经 10 余载仍风生水起。

2. 案例分析

虽然生鲜农产品电子商务行业快速增长且前景广阔,但国内目前大多数生鲜电商仍处于亏损阶段,而生鲜电商本身也有着种种需要攻克的困难,易果生鲜能异军突起有其主观和客观因素。

1) 目前生鲜农产品电商监管情况

根据《2014—2015 中国农产品电子商务发展报告》数据,2014～2015 年,国内近 4000 家农产品电商中,仅有 1%实现了盈利,主要原因在于生鲜农产品的冷链运输要求非常高,在企业发展前期的物流配送成本投入较大,短期内难以收回成本。而我国冷链基础设施比较落后,缺乏冷链技术,冷链运输车和大型冷库等设施落后依然是中国生鲜发展的短板所在。

目前,我国生鲜农产品在生产、加工到运输过程缺乏有效监管,使得生鲜农产品的质量难以得到根本保证。大多数农户的观念未能跟上时代的发展变迁,盲目地追逐产量和运输过程中的长久保质,从而对果蔬过度施肥用药、添加各种添加剂甚至是工业添加剂、防腐剂等。

中南大学食品安全与政策分析研究课题组调查发现,大多数消费者认为商家质量不过关和网络平台监管不严,这是网络食品安全监管中最让人担心的问题,如图 4-6 所示。互联网经营的虚拟性和跨区域性,导致难以对生产、加工和运输过程实施有效监管。此外,由于不是所有生鲜农产品商家都采用冷链运输,所以生鲜农产品电商的售后问题特别多,经常出现收到产品时包装破损、产品腐烂变质等现象,而消费者在维权过程中的取证也变得艰难,同时由于各个平台的服务标准不统一,往往出现产品退换货困难的情形。

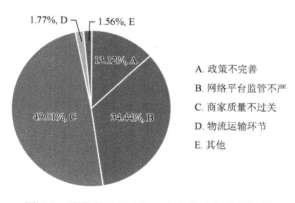

图 4-6 消费者最担心的网络食品安全监管问题

各部门职能交叉,出现监管盲区,政策落地执行难。生鲜农产品电商涉及食品、农产品、电子商务平台等多重属性,存在工商、质检、食药监等多家职能部门交叉的地方,给实际监管过程造成了极大的困难。从生鲜产品本身来说,其介于食用农产品、食品之间,涉及农业和食药监部门的管理。从工商管理范围来看,又涉及注册公司所在地、供应商所在地、生鲜农产品产地等环节的管理交叉。从日常管理来看，按照属地管理原则，食药监局对食品生产经营者进行监督，但对第三方网络交易平台却没有明确规定。对生鲜电商监管空缺，应当注重法律法规以及标准体系的建设，如冷链物流运输体系建设，同时促进出台《中华人民共和国电子商务法》，进行"以网管网"式的网络监管。

2）易果生鲜在面对上述监管问题时成功突围的原因

充足的资金为完善供应链与生态圈提供基础支持。生鲜电商由于其产品的特殊性，物流配送要求高，绝大多数产品需要采用冷链物流运输与配送，而我国冷链技术不足，冷链设备缺乏，冷链物流体系不健全，导致我国生鲜电商产品在物流配送环节的成本非常高。生鲜电商发展初期，对资金的需要也是非常大的。很多生鲜电商由于高速发展的过程中资金链断裂而一蹶不振，倒闭关门。

2016 年底，易果生鲜宣布从易果生鲜升级为易果集团，并获得由苏宁投资集团领投的 C＋和阿里巴巴集团领投的 C 轮融资，共计融资金额超过 5 亿元。这为易果生鲜的持续发展与深度变革提供了强有力的支持，自建冷链物流，推行全程冷链标准化，确保生鲜食品品质与时效。

安鲜达是易果生鲜全资建设的具有全国生鲜冷链配送行业领先技术的供应链管理公司，为生鲜食品行业客户提供一体化冷链仓配服务，同时也是菜鸟物流的战略合作伙伴，未来的目标是转变为第三方冷链企业，为其他生鲜电商提供冷链配送服务。

安鲜达的成立与其打造的标准化体系，为易果生鲜在同行竞争中提供了强有力的竞争优势。冷链物流的标准化程度不仅直接影响生鲜产品的质量安全，同时可以有效降低冷链物流企业大量的成本。安鲜达公司从 2013 年成为天猫生鲜平台运营者以来，公司业务以每年 3 倍左右的速度增长，到目前为止已经覆盖全国 27 个省份，310 个城市的销售，日最大销售额突破 1 亿元，覆盖区域范围和服务的消费者均是行业最大。然而，随着业务量飞速增长，全国 6 地 7 仓网络的布局，原始的物流操作模式已经不能支持快速增长的业务需求，急需打造一个贯穿采购、入库、存储、拣选、加工、配送、质检等整个生鲜供应链的冷链标准体系，加强冷链物流的集约化程度，提升运作效率。

易果生鲜的全程冷链物流标准化主要的做法如下所示。

（1）全面使用标准化的塑料托盘。为了提升运作效率，保障服务和产品质量，2015年易果生鲜在宝山仓采购标准化塑料托盘 6000 块，增设 5530 个标准托盘位，以满足宝山仓作为全国总仓的存储功能需求。

（2）仓到仓带托盘运输调拨。通过建立各舱之间的托盘公用管理体系，带拖运输不仅加快了装卸货速度，减少了卸货占用月台时间，加快了车辆的周转率，同时还降低了卸货成本，加速了收货速度，明显降低了生鲜商品的损耗，提高了生鲜商品的质量与服务。

（3）仓到站点间带筐调拨。为了保障生鲜食品的品质和时效，易果生鲜未采取普通快递的散货装车的操作，而是在上海地区采购了 2000 个可折叠标准化塑料周转筐作为仓到站点间运输的标准化承载单元，并将该模式复制到全国，确保了生鲜食品的品质安全，从源头上保障了生鲜食品的质量，明显提高了同城短拨的运营效率。

（4）引进标准自动化设备。标准自动化设备的投产使用，明显降低了人为操作对生鲜食品的影响，确保了顾客的体验。

易果生鲜通过全程冷链标准化后，明显提升了运作效率，有效加强了生鲜食品安全，大幅度降低了物流成本，为企业业务的快速发展提供了有效支撑。宝山仓开展带托盘运输项目以来，各仓间调拨货损降低了 30%，提升了 50% 的收发货效率，同城短拨装车速度减少 15 分钟/车，减少了 15 分钟站点的卸货时间，明显提高了快递员的配送时效，目前，该模式已复制到易果生鲜全国仓库，进一步确保了生鲜商品的品质安全，也明显提高了物流运营效率。

3）建立质量检测实验室，引领同行业进行生鲜食品质量检测

食品安全是生鲜电商行业的重中之重。消费者最为关心的莫过于生鲜农产品的使用农药情况、细菌的检测情况，以及新鲜程度等信息。

易果生鲜本着"精选食材，忠于原味"的目标，率先建立了质量检测实验室，同时还与山东果品研究院及多个国家专业认证第三方机构紧密合作，对每一个进入易果生鲜平台的生鲜食材进行质量检测。易果生鲜还发起了首个"生鲜品质联盟"。易果生鲜联合创始人、联席董事长金光磊先生与来自 11 个国家领事馆代表和生鲜品牌方代表带领全场 600 余名行业同仁共同承诺，将通过易果生鲜平台带给消费者安全、健康、美味的食品。这也意味着生鲜电商行业将迈入标准化品控的时代。

4.3　网络食品安全监管困境

网络食品交易的便捷、快速给人们带来了时尚消费、移动消费、跨区域消费的极致体验。在网络食品高速发展的同时，网络食品的安全与质量问题为消费者和商家带来了新的思考，也对网络食品安全监管提出了新的要求。网络食品安全监管的有效程度，直接影响网络食品的安全质量，进一步关系到消费者的身体健康和财产安全。当前，我国网络食品监管面临着经营主体多、地域范围广、技术水平高、法律复杂、监管能力不足、网络食品安全违法行为查处程序不明确等问题。对消费者来说，无法有效判断食品的质量和安全状况；对生产经营者来说，违法行为隐蔽且成本较低；对监管者来说，面临着对象多变、职责交叉、依据缺失、地域模糊等诸多挑战。而网售食品存在的虚拟性、隐蔽性、不可靠性，使得政府部门对网络食品安全的监管处于"真空"状态，对网络上销售的食品，暂时无法对其生产、包装、进货、质检、贮存、销售渠道进行全过程的监管，网购食品成为食品监管的难点。

4.3.1　网络技术的高速发展与法律法规的滞后性

目前，我国关于网络食品安全的法律法规在不断完善，但是相较于快速发展的网络技术以及由此产生的食品经营新业态来说还是有些滞后。网络食品安全相关法律在网络食品经营新业态的发展过程中不断地产生与完善。而我国网络食品标准也同样落后，目前沿用的仍是 1989 年开始实施的标准化法。虽然 2016 年国家相继发布了网络食品安全国家标准 530 项，涉及食品安全指标的近 2 万项，新增农药残留的限量指标有 490 项，但是应对高速的网络技术发展以及网络食品交易形态的衍生发展，还远远不够。

4.3.2　市场环境问题复杂多变

1. 市场准入与退出机制不健全

当前我国网络食品市场准入门槛较低，网络食品经营者参差不齐，且网络食品经营主体资质把关难。对于网络经营主体资格的规范还较为宽松，尤其是个人网店的登记注册采取自愿的方式。开设网店对经营者身份、所在地址的真实性无法准确核准，从事网络食品销售的经营者大部分没有提供营业执照，更遑论食品流通许可证了，这使得网络食品销售市场混入了一批为牟取暴利而昧着良心危害消费者健康的无良商家。入网商家准入机制的不健全，导致第三方平台存量商家的资质良莠不齐，再加上入网商家退出机制的不健全，未能有效利用商家日常经营的监管数据针对商家进行考核，也无法引导商家进行合理合法竞争，淘汰劣质商家，留存优质商家。

2. 食品质量无法保障

网络食品交易的隐蔽性、虚拟性特征，使得消费者不需要与商家面对面进行交易，从而消费者只能通过商家网站/网店上发布的信息了解网售食品相关信息，无法有效地进行信息真实性的判别，因此，容易出现商品保质期过期或临近保质期、变质、包装破损、三无产品、假冒伪劣食品、进口食品来源不明等问题。还有一些商家是小作坊的自产自销型，其生产环境与生产条件、产品包装等更加无法达到安全卫生生产的标准。消费者目前仅靠平台上显示的销售量、用户评价等标准衡量是否购买，然而销售量和用户评价这些标准在网络技术发达的今天，是很容易通过技术手段进行虚构的，这更加会误导消费者。

网络食品质量难保障，主要是法律法规的不完善、商家违法成本低、网络食品交易平台监管不到位、消费者与商家信息不对称、食品安全检疫检测标准落后及检测机构的不足等方面的原因。

3. 售后维权保障难度大

产生网络食品安全问题的根本在于缺乏保障机制，广大消费者找不到"兜底"保障，消费维权难度系数大。

（1）维权证据难固定。网络市场交易行为大多不开具相关发票，消费者权益受到侵害向工商部门申诉举报时，大多提供不出相关票据及其他能够证明交易事项的证据，使得维权工作难以展开；再则，由于网络经营者多数未经工商部门注册登记，容易出现无法确定的因素，厂址、联系方式虚假，网上违法信息随意修改，网店关停现象普遍，网页也打不开，网上交易信息全部丢失，无购物发票，以上的情况造成了工商部门难以进行及时、有效的调查取证。

（2）维权空间跨度大。网络交易多涉及异地维权，有的甚至涉及境外经营者，消费者所在地监管部门不具有管辖权，须向网站所在地监管部门移交。消费者在异地网站平台上消费，权益受到侵害时，可能出现消费者、网站经营者、网站平台上从事商品交易和有关服务的经营者分散在千里之外的三地。组织当事人进行网下调解，需要长时间的协调及各地工商部门之间大跨度的联动，而且当事人，特别是侵权一方普遍不愿配合，导致维权程序难以走下去，维权效率低。而目前我国没有一套完整的消费投诉处理体系，很难及时有效地实现各地各部门开展联动维权行动，致使消费者的合法权益难以得到保障。

（3）维权成本被放大。网络市场消费维权成本要比传统面对面式的消费维权成本大很多倍，因为维权证据的采集固定、消费过程的调查和相关人员的询问都需要较大的成本支出。几十元钱的维权诉求，可能需要花费几百元，甚至上千元维权成本，而这其中，很大一部分成本支出可能需要消费者本人承担。在过大的维权成本面前，许多消费者可能会放弃维权机会，消费者权益得不到有效保障。

4.3.3　监管机构设置不合理，执法难度大

1. 违法行为发现难

现有一些假冒商家提供的食品比正牌食品的价格低廉许多，但质量也不差，消费者为了图便宜，往往默认商家的这种假卖行为，且双方对这种行为都表示认可，如果不是消费者举报，监管部门很难发现这种违法行为。

2. 确定管辖区域难

随着"互联网＋食品"消费方式的快速传播，网络食品市场突破了地域的性质，位于东部沿海城市的居民在网上即可买到新疆产的核桃、哈密瓜，这使得网络食品销售违法行为的实施地、经过地、损害结果发生地都不在同一区域，从中国西部跨越到了东部沿海地区。因此，如果根据属地管辖原则来确定管辖权显然不太实际。这种无疆域性质的网络违法经营行为为判定案件管辖权、开展调查取证以及案件执行带来了诸多困难。

3. 主体监管难

虽然《网络食品安全违法行为查处办法》赋予了国家食药监总局对网络市场经营主体的监管权力，但在实际的网络食品销售监管活动中，遭遇了不少尴尬。如一些入驻网络订餐平台的商家经常更换服务平台或变换店名，每次提供的信息都不一致，或真或假，这使得提供网络交易平台服务的经营者定期向所在地工商部门报送的统计资料不能真实反映网站平台上经营主体信息，同时也使得工商部门对网络食品市场主体信息掌握不准或者掌握不及时。

4. 调查取证难

开展网络食品市场监管工作，肯定要牵涉到网站、音频、视频等电子证据。然而电子证据很容易被篡改或删除，一旦删除则难以恢复，如此商家违法证据就被掩埋掉了，这也使得执法部门的调查工作常常无迹可寻。

4.3.4　第三方网络销售平台的监管力度不够

商家征信体系的缺失以及第三方电商平台的准入审查不严格等因素，导致网络食品销售平台上常常出现商家套证、假证、证照缺失、一店多户等现象。有些不法商家在网页上大肆宣传虚假信息和夸大产品的质量，增加自己产品的诱惑力，结果导致消费者因夸张的宣传而上当受骗，财产和生命安全都存在一定隐患。

1. 商家资质审查力度不够

按照相关法律法规规定，第三方网络销售平台依法需要对商家资质进行审查，对其日常经营信息进行记录，核查商家信息的真实性，引导商家诚信合法经营，且具有食品安全问题的连带责任。但是，目前还存在许多第三方平台对商家资质信息的审查不严格、不及时，商家网店信息和实际信息核查不到位等现象，导致问题商家频繁出现，网络食品安全问题屡见不鲜。同时，第三方平台针对商家的退市机制建设的不完善也不利于平台商家优胜劣汰。

2. 第三方平台管理机制缺陷

第三方平台未能有效建立商家信用评价机制，导致商家信用评价机制未能起到很好的督促监管作用。第三方平台针对商家的违法经营信息未能及时公布，针对问题商家以及网络食品安全事件未能做到及时发现、及时曝光，导致这些商家存在侥幸心理，仍然继续违规经营，最终引发一系列的网络食品安全问题。

中南大学食品安全与政策分析研究课题组调查发现，在网络食品安全监管方面，大多数消费者比较担心的问题是"商家产品质量不过关""网络平台监管不严格""政策法律不完善"。同时，针对采取哪种方式才能有效做好网络食品安全监管工作，大多数消费者认为出台并完善网络食品安全法律法规，规范企业生产是做好网络食品安全监管工作最有效的措施，如图 4-7 所示。

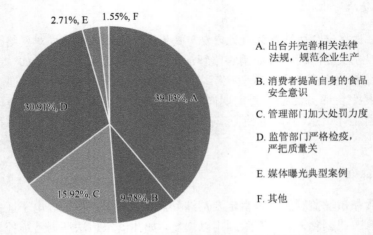

图 4-7　消费者期待的网络食品安全的保障措施

39.13% 的消费者认为做好网络食品安全的最有效措施是出台并完善相关法律法规，规范企业生产；30.91% 的消费者认为监管部门应当严格检疫、严把质量关；15.92% 的消费者认为管理部门应当加大处罚力度；还有一小部分消费者认为消费者提高自身的食品安全意识以及媒体曝光典型案例对做好网络食品安全比较有效果。

因此，依据中南大学食品安全与政策分析研究课题组的调查研究，做好网络食品安全监管，应当从以下方面入手：①进一步完善与网络食品安全相关的法律法规；②有效引导社会主体参与网络食品安全的全过程监管；③建立征信系统，完善网络监管；④加强舆论媒体的监督作用。

第二篇　网络食品安全监管的进展

第5章 网络食品安全法制推进的进展

5.1 网络食品安全法制推进现状

5.1.1 网络食品作为特殊食品被单独列出

1. 《食品安全法》的颁布

随着网络食品市场的高速发展,网络食品安全问题层出不穷,进而使原本就处在风口浪尖的食品安全问题再次成为社会关注的焦点。为了保障广大网络食品消费者的安全与健康,引导食品企业合理合法、安全有序地生产、经营与销售,国家陆续颁布了相关法律法规,以促使网络食品安全监督管理工作有法可依。

新《食品安全法》已经于2015年10月1日正式施行,其首次将网络食品交易纳入,并明确了第三方交易平台承担的职责,该法的实施为规范网络食品交易指明了方向,在《食品安全法》中具体的条文如下。

第六十二条 网络食品交易第三方平台提供者应当对入网食品经营者进行实名登记,明确其食品安全管理责任;依法应当取得许可证的,还应当审查其许可证。

网络食品交易第三方平台提供者发现入网食品经营者有违反本法规定行为的,应当及时制止并立即报告所在地县级人民政府食品药品监督管理部门;发现严重违法行为的,应当立即停止提供网络交易平台服务。

第一百三十一条 违反本法规定,网络食品交易第三方平台提供者未对入网食品经营者进行实名登记、审查许可证,或者未履行报告、停止提供网络交易平台服务等义务的,由县级以上人民政府食品药品监督管理部门责令改正,没收违法所得,并处五万元以上二十万元以下罚款;造成严重后果的,责令停业,直至由原发证部门吊销许可证;使消费者的合法权益受到损害的,应当与食品经营者承担连带责任。

消费者通过网络食品交易第三方平台购买食品,其合法权益受到损害的,可以向入网食品经营者或者食品生产者要求赔偿。网络食品交易第三方平台提供者不能提供入网食品经营者的真实名称、地址和有效联系方式的,由网络食品交易第三方平台提供者赔偿。网络食品交易第三方平台提供者赔偿后,有权向入网食品经营者或者食品生产者追偿。网络食品交易第三方平台提供者作出更有利于消费者承诺的,应当履行其承诺。

《食品安全法》体现了预防为主、科学管理、明确责任、综合治理的食品安全工作指导思想,进一步明确了我国的食品安全监管体制,打造从农田到餐桌的全程监管,确保监管环节无缝衔接;借鉴国际先进的食品安全监管经验,建立食品风险评估和食品召回等制度,统一食品安全标准,加强对食品添加剂和保健食品的监管,完善食品安全事故的处置机制,强化监管责任,加大处罚力度,严格落实赔偿责任。《食品安全法》的颁布实施是我国食品产业的一件大事,是食品安全工作的里程碑,标志着我国的食品安全工作进入了新阶段。

《食品安全法》的颁布施行，对规范食品生产经营活动，增强食品安全监管工作的规范性、科学性和有效性，全方位构筑食品安全法律屏障，提高我国食品安全整体水平，切实保证食品安全，保障公众身体健康和生命安全，具有重要意义。

2. 地方性法规的颁布

地方性法规的颁布标志着网络食品交易受到各地市的广泛关注。

为贯彻落实习近平总书记关于"四个最严"要求，确保人民群众"舌尖上的安全"，推动修订后的《食品安全法》全面、深入地贯彻实施，在《食品安全法》修订施行后，地方各级政府高度重视，认真贯彻实施，落实监管责任，加强财政保障，加大监管力度，食品安全整体状况明显好转，并出台了相关的网络食品条文。

例如，北京市于 2016 年 3 月实施的《北京市网络食品经营监督管理办法（暂行）》，明确规定网络销售食品应提供发票，并在网站首页或经营活动主页面醒目位置公示营业执照、许可证件信息，同时鼓励从事网络订餐服务的商家实施"明厨亮灶"，将加工过程进行网上实时播出展示。2016 年 4 月上海市颁布《上海市网络订餐食品安全监督管理办法》，明确规定所有网络食品经营者的经营许可证要在网络订餐页面显著位置进行公示，第三方平台对于入网新商家要亲自前往现场拍照并备案，不能由商家在网上提交照片，以防作假。第三方平台对于入驻商家关于超范围经营、食品安全事件等违规操作的需立即停止合作。部分地市涉及网购食品条文如表 5-1 所示。

表 5-1　部分地市涉及网购食品条文

地市	条例	相关食品安全条文
上海市	《上海市食品安全条例》	第十一条　各级人民政府应当组织相关部门加强食品安全宣传教育，利用各类媒体向市民普及食品安全知识；在食品生产场所、食用农产品批发交易市场、标准化菜市场、超市卖场、餐饮场所、食品经营网站等开展有针对性的食品安全宣传教育。 　　鼓励社会组织、基层群众性自治组织、食品生产经营者、网络食品经营者开展食品安全法律、法规、规章以及食品安全标准和知识的普及工作，倡导健康的饮食方式，增强消费者食品安全意识和自我保护能力。 　　第五十一条　网络食品交易第三方平台提供者应当按照下列规定办理备案手续： 　　（一）在本市注册登记的网络食品交易第三方平台提供者，应当在通信管理部门批准后三十个工作日内，向市食品药品监督管理部门备案，取得备案号； 　　（二）在外省市注册登记的网络食品交易第三方平台提供者，应当自在本市提供网络食品交易第三方平台服务之日起三十个工作日内，将其在本市实际运营机构的地址、负责人、联系方式等相关信息向市食品药品监督管理部门备案。 　　通过自建网站交易的食品生产经营者，应当在通信管理部门批准后三十个工作日内，向所在地的区市场监督管理部门备案，取得备案号。实行统一配送经营方式的食品经营企业，可以由企业总部统一办理备案手续。 　　第五十二条　网络食品经营者应当依法取得食品生产经营许可，并按照规定在自建交易网站或者网络食品交易第三方平台的首页显著位置或者经营活动主页面醒目位置，公示其营业执照、食品生产经营许可证件、从业人员健康证明、食品安全量化分级管理等信息。相关信息应当完整、真实、清晰，发生变化的，应当在十日内更新。 　　第五十三条　网络食品交易第三方平台提供者应当建立食品安全管理制度，履行下列管理责任： 　　（一）明确入网食品经营者的准入标准和食品安全责任； 　　（二）对入网食品经营者进行实名登记； 　　（三）通过与监管部门的许可信息进行比对、现场核查等方式，对入网食品经营者的许可证件进行审查； 　　（四）对平台上的食品经营行为及信息进行检查，并公布检查结果； 　　（五）公示入网食品经营者的食品安全信用状况；

地市	条例	相关食品安全条文
上海市	《上海市食品安全条例》	（六）及时制止入网食品经营者的食品安全违法行为，并向其所在地的区市场监督管理部门报告； （七）对平台上经营的食品进行抽样检验； （八）法律、法规、规章规定的其他管理责任。 　　网络食品交易第三方平台提供者发现入网食品经营者存在未经许可从事食品经营、经营禁止生产经营的食品、发生食品安全事故等严重违法行为的，应当立即停止为其提供网络交易平台服务。 　　仅为入网食品经营者提供信息发布服务的网络第三方平台提供者，应当履行本条第一款第一项至第三项规定的管理责任，并对平台上的食品经营信息进行检查，及时删除或者屏蔽入网食品经营者发布的违法信息。 　　第五十四条　从事网络交易食品配送的网络食品经营者、网络食品交易第三方平台提供者、物流配送企业应当遵守有关法律、法规对贮存、运输食品以及餐具、饮具、容器和包装材料的要求，并加强对配送人员的培训和管理。从事网络订餐配送的，还应当遵守本条例第三十九条的规定。
湖北省	《湖北省食品安全条例》	第十八条　网络食品交易第三方平台提供者应当建立入网食品生产经营者审查登记、销售食品信息审核、食品安全检查、违法行为处理、投诉举报处理等管理制度，并在网络平台上予以公开。 　　网络食品交易第三方平台提供者应当对入网食品生产经营者进行实名登记，审查其食品生产经营许可证等材料，并建立档案；设置专门的网络食品安全管理机构或者指定专职食品安全管理人员，对平台上的食品经营行为及信息进行检查。 　　第七十四条　违反本条例第十八条规定，网络食品交易第三方平台提供者未按照要求建立入网食品生产经营者登记、销售食品信息审核、食品安全检查、违法行为处理、投诉举报处理等管理制度的，由县级以上人民政府食品药品监督管理部门责令改正，予以警告；拒不改正的，处 5000 元以上 3 万元以下罚款。
广东省	《广东省食品安全条例》	第二十四条　网络食品经营者应当依法取得食品经营许可或者备案凭证，并在其网站首页或者销售产品页面的显著位置公开其许可证或者备案信息。许可证、备案信息发生变更的，网络食品经营者应当及时更新。 　　第二十五条　网络食品经营者、网络食用农产品销售者应当建立电子进货查验台账和销售记录，记录和凭证的保存应当符合法定期限。 　　第二十六条　网络食品交易平台提供者应当对申请进入平台的食品生产经营者实行实名登记和资质审查，建立登记档案并及时核实更新，要求其在所从事经营活动的主页面显著位置公开其营业执照与许可证、备案凭证登载的信息；平台提供者应当与网络食品经营者签订食品安全管理责任协议，明确各自的食品安全管理责任。 　　网络食品交易平台不得向未取得许可证或者备案凭证的食品生产经营者提供服务。 　　第二十七条　餐饮服务提供者通过网络向消费者销售食品的，应当在容器或者包装上标注制作时间、保质期或者食用时间提示、经营者名称和联系方式等信息。 　　第四十九条　食品生产经营者、食用农产品销售者、市场、网络食品交易平台等经营者有下列情形之一的，县级以上人民政府食品药品监督管理部门或者其他有关部门可以对其法定代表人或者主要负责人进行责任约谈： 　　（一）发生食品安全问题，造成社会关注的； 　　（二）生产经营过程存在食品安全隐患，未及时采取有效措施消除的； 　　（三）未及时处理投诉举报的食品安全问题，造成社会影响的； 　　（四）食品药品监督管理部门或者其他有关部门认为需要采取责任约谈的其他情形。 　　被约谈者无正当理由拒不参加约谈或者未按照要求落实整改的，食品药品监督管理部门或者其他有关部门应当将其列为重点监督管理对象，增加监督检查频次。 　　第五十九条　食品药品监督管理部门和其他有关部门对网络食品交易活动的监测记录资料，可以作为对违法网络交易经营者实施行政处罚或者采取行政强制措施的依据。 　　第六十一条　违反本条例规定，设有网站的食品生产经营企业、网络食品经营者未在网站首页显著位置公开相关信息的，由县级以上人民政府食品药品监督管理部门责令改正，给予警告；拒不改正的，处五千元以上五万元以下罚款。 　　第六十九条　违反本条例规定，网络食品经营者未建立电子进货查验记录台账和销售记录的，或者网络餐饮服务提供者未按照规定标注产品信息的，由县级以上人民政府食品药品监督管理部门责令改正，给予警告；拒不改正的，处五千元以上五万元以下罚款；情节严重的，责令停业，直至吊销许可证。 　　第七十条　违反本条例规定，网络食品交易平台未履行管理义务的，由县级以上人民政府食品药品监督管理部门责令改正，没收违法所得，并处五万元以上二十万元以下罚款；造成严重后果的，责令停业，直至由原发证部门吊销许可证；使消费者的合法权益受到损害的，应当与食品经营者承担连带责任。
河北省	《河北省食品安全监督管理规定》	第二十四条　网络服务提供者应当加强对其网络食品经营者的管理，发现违反食品安全法律、法规、规章规定的行为，应当及时予以制止，必要时应当停止对食品经营者提供网络服务。 　　网络服务提供者应当配合食品安全监督管理部门，依法调查处理有关食品安全的投诉、举报。

多地相继出台地方性的食品安全法律法规体现了政府对于食品安全问题的重视。其意义在于：①贯彻落实《食品安全法》的需要。随着新修订《食品安全法》的出台，各地原有的食品安全规定与上位法存在部分管理理念、思路和具体规定上的不协调，特别是《食品安全法》中对食品安全监督管理机制的调整，各地原有的食品安全规定需要通过修订和完善，才能与上位法要求以及现行工作机制相衔接。②为各地食品安全监管提供良好法制保障的需要。党的十八大以来，党中央、国务院要求进一步改革完善我国食品安全监管体制，着力建立最严格的食品安全监管制度，积极推进食品安全社会共治格局。地方食品安全监管工作的长期性、艰巨性和复杂性客观存在，需通过修订地方性法规，以立法形式固定监管体制改革成果、完善监管机制，以法制方式维护食品安全，为最严格的食品安全监管制度提供法制保障。③解决地方食品安全工作突出问题的需要。随着经济发展进入新常态，食品安全工作面临着许多突出问题。为立足于各地实际，突出地方特色和可操作性，解决食品安全工作中的突出问题，进一步增强监管工作的科学性和有效性，需要修订地方性法规。

5.1.2　食品安全标准体系建立

2016 年中国新发布了网络食品安全国家标准 530 项，涉及食品安全指标近 2 万项，新增农药残留的限量指标 490 项。对不合格的产品采取及时下架、召回等措施，消除风险隐患。2015 年食药监部门查处食品违法案件 17 万件，公安机关查办 1.1 万件，有力地打击了违法分子。

2016 年各级食药监部门严格落实"四个最严"要求，把监督抽样作为重要抓手，以督促企业落实主体责任、引领公众科学消费、引导社会全面共治为目标，有序有力、全面深入推进网络食品安全监管工作取得成效。2016 年国家食药监总局在全国范围内组织抽检了 25.7 万批次食品样品，总体抽查合格率为 96.8%，与 2015 年持平。2016 年的抽检问题可以用图 5-1 来体现。

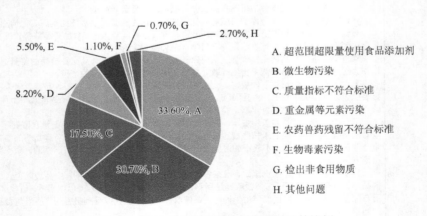

图 5-1　抽检不合格问题占不合格样品的比例

导致这些问题的主要原因有：①源头污染，包括土地、水源等环境污染导致的重金属在动植物体内蓄积，农药兽药违规使用导致药性残留甚至超标；②生产经营过程管理不当，如生产、运输、存储等环节的环境或卫生条件控制不到位，生产工艺不合格，出厂检验未落实等；③当前基层监管人员总体能力水平与监督任务在一定程度上存在不相适应的情况。

从我国网络食品安全标准以及食品抽样检测情况可以看出，我国正在逐步提高和完善网络食品质量与安全，但由于我国人多地少的特殊国情和所处的历史发展阶段，再加上网络食品交易的虚拟性、隐蔽性、不确定性，如今网络食品安全的形势依然复杂严峻，要做好网络食品安全监管工作，还需要进一步完善网络食品安全标准，健全网络食品检疫检测体系。

我国目前食品安全标准部分条文如表 5-2 所示。

表 5-2　食品安全标准体系

条例	相关食品安全标准条文
《中华人民共和国食品安全法》	第二十四条　制定食品安全标准，应当以保障公众身体健康为宗旨，做到科学合理、安全可靠。 第二十五条　食品安全标准是强制执行的标准。除食品安全标准外，不得制定其他食品强制性标准。 第二十六条　食品安全标准应当包括下列内容： （一）食品、食品添加剂、食品相关产品中的致病性微生物，农药残留、兽药残留、生物毒素、重金属等污染物质以及其他危害人体健康物质的限量规定； （二）食品添加剂的品种、使用范围、用量； （三）专供婴幼儿和其他特定人群的主辅食品的营养成分要求； （四）对与卫生、营养等食品安全要求有关的标签、标志、说明书的要求； （五）食品生产经营过程的卫生要求； （六）与食品安全有关的质量要求； （七）与食品安全有关的食品检验方法与规程； （八）其他需要制定为食品安全标准的内容。 第二十七条　食品安全国家标准由国务院卫生行政部门会同国务院食品药品监督管理部门制定、公布，国务院标准化行政部门提供国家标准编号。 食品中农药残留、兽药残留的限量规定及其检验方法与规程由国务院卫生行政部门、国务院农业行政部门会同国务院食品药品监督管理部门制定。 屠宰畜、禽的检验规程由国务院农业行政部门会同国务院卫生行政部门制定。 第二十八条　制定食品安全国家标准，应当依据食品安全风险评估结果并充分考虑食用农产品安全风险评估结果，参照相关的国际标准和国际食品安全风险评估结果，并将食品安全国家标准草案向社会公布，广泛听取食品生产经营者、消费者、有关部门等方面的意见。 食品安全国家标准应当经国务院卫生行政部门组织的食品安全国家标准审评委员会审查通过。食品安全国家标准审评委员会由医学、农业、食品、营养、生物、环境等方面的专家以及国务院有关部门、食品行业协会、消费者协会的代表组成，对食品安全国家标准草案的科学性和实用性等进行审查。 第二十九条　对地方特色食品，没有食品安全国家标准的，省、自治区、直辖市人民政府卫生行政部门可以制定并公布食品安全地方标准，报国务院卫生行政部门备案。食品安全国家标准制定后，该地方标准即行废止。 第三十条　国家鼓励食品生产企业制定严于食品安全国家标准或者地方标准的企业标准，在本企业适用，并报省、自治区、直辖市人民政府卫生行政部门备案。 第三十一条　省级以上人民政府卫生行政部门应当在其网站上公布制定和备案的食品安全国家标准、地方标准和企业标准，供公众免费查阅、下载。 对食品安全标准执行过程中的问题，县级以上人民政府卫生行政部门应当会同有关部门及时给予指导、解答。 第三十二条　省级以上人民政府卫生行政部门应当会同同级食品药品监督管理、质量监督、农业行政等部门，分别对食品安全国家标准和地方标准的执行情况进行跟踪评价，并根据评价结果及时修订食品安全标准。 省级以上人民政府食品药品监督管理、质量监督、农业行政等部门应当对食品安全标准执行中存在的问题进行收集、汇总，并及时向同级卫生行政部门通报。 食品生产经营者、食品行业协会发现食品安全标准在执行中存在问题的，应当立即向卫生行政部门报告。
《中华人民共和国食品安全法实施条例》	第十五条　国务院卫生行政部门会同国务院农业行政、质量监督、工商行政管理和国家食品药品监督管理以及国务院商务、工业和信息化等部门制定食品安全国家标准规划及其实施计划。制定食品安全国家标准规划及其实施计划，应当公开征求意见。 第十六条　国务院卫生行政部门应当选择具备相应技术能力的单位起草食品安全国家标准草案。提倡由研究

续表

条例	相关食品安全标准条文
《中华人民共和国食品安全法实施条例》	机构、教育机构、学术团体、行业协会等单位，共同起草食品安全国家标准草案。 　国务院卫生行政部门应当将食品安全国家标准草案向社会公布，公开征求意见。 　第十七条　食品安全法第二十三条规定的食品安全国家标准审评委员会由国务院卫生行政部门负责组织。食品安全国家标准审评委员会负责审查食品安全国家标准草案的科学性和实用性等内容。 　第十八条　省、自治区、直辖市人民政府卫生行政部门应当将企业依照食品安全法第二十五条规定报送备案的企业标准，向同级农业行政、质量监督、工商行政管理、食品药品监督管理、商务、工业和信息化等部门通报。 　第十九条　国务院卫生行政部门和省、自治区、直辖市人民政府卫生行政部门应当会同同级农业行政、质量监督、工商行政管理、食品药品监督管理、商务、工业和信息化等部门，对食品安全国家标准和食品安全地方标准的执行情况分别进行跟踪评价，并应当根据评价结果适时组织修订食品安全标准。 　国务院和省、自治区、直辖市人民政府的农业行政、质量监督、工商行政管理、食品药品监督管理、商务、工业和信息化等部门应当收集、汇总食品安全标准在执行过程中存在的问题，并及时向同级卫生行政部门通报。 　食品生产经营者、食品行业协会发现食品安全标准在执行过程中存在问题的，应当立即向食品安全监督管理部门报告。
《总局办公厅关于做好食品安全标准工作的通知》（食药监办科〔2017〕7号）	各省、自治区、直辖市食品药品监督管理局，新疆生产建设兵团食品药品监督管理局： 　根据食品安全法有关规定和食品安全"四个最严"的要求，为加快推进构建"最严谨的标准"，进一步强化食品安全标准制定与监管工作的有效衔接，现就做好食品安全标准工作有关事宜通知如下： 　一、加强食品安全标准问题协调会商和收集反馈 　省级食品药品监管部门应建立健全行政区域内各级食品药品监管部门间食品安全标准问题协调会商和收集反馈工作机制，加强标准执行情况调研，及时向省级卫生计生行政部门通报食品安全标准执行中存在的问题。对食品日常监管、检验检测工作存在较大影响的，应及时报告食品药品监管总局。 　二、组织参与食品安全标准制修订工作 　加大检验方法类、生产规范类、保健食品等特殊食品类食品安全国家标准制修订工作的参与力度。省级食品药品监管部门应按照食品药品监管总局的工作安排和要求，组织征集、报送食品安全国家标准立项需求，鼓励有能力的技术机构承担或参与标准制修订项目。在食品安全地方标准制修订工作中，主动与当地省级卫生计生行政部门沟通，积极反映监管需求。食品药品监管系统内标准制修订项目承担或参与单位应及时向相应省级食品药品监管部门报告工作进展。 　三、重视食品安全标准征求意见工作 　省级食品药品监管部门应组织行政区域内各级食品药品监管部门、技术机构等单位对国家卫生计生委、农业部公布的标准征求意见稿进行认真研究、积极反馈意见，提高标准的适用性和针对性。对存在较大异议的，应当及时报告食品药品监管总局。 　四、加强食品安全标准贯彻实施 　各级食品药品监管人员应严格按照食品安全法律、法规和标准，开展食品生产加工、食品销售、餐饮服务等各个环节的食品安全监管工作，督促食品生产经营者严格按照食品安全标准组织生产经营，切实落实食品安全首负责任。按照食品药品监管总局印发的《2016—2020 年全国食品药品监管人员教育培训大纲》要求，食品安全监管人员每人每年接受标准相关培训的时间建议不低于 24 学时。研究开展食品安全标准工作技能评比竞赛，提高各级监管人员、检验人员对食品安全标准的理解和执行能力。 　五、规范食品补充检验方法管理 　按照食品药品监管总局办公厅印发的《食品补充检验方法工作规定》要求，省级食品药品监管部门应综合分析行政区域内各级食品药品监管部门的工作需要，向食品药品监管总局提出食品补充检验方法需求。对经食品药品监管总局批准发布的食品补充检验方法，应根据实际情况组织食品检验机构采用，并跟踪评价其实施情况，及时报告食品药品监管总局。对适用于地方特色食品的补充检验方法，省级食品药品监管部门可参照《食品补充检验方法工作规定》做好批准、发布工作，并报食品药品监管总局备案。 　六、加强标准人才队伍和专业技术机构建设 　研究建立激励机制，将专业技术人员参与标准制修订工作的业绩和贡献作为提高待遇和晋升职称的重要导向，吸引优秀的专业技术人才投入标准工作。加大标准技术人员培训力度，有计划地培养业务骨干。加强对国际标准的跟踪学习和借鉴，逐步提高标准工作能力和水平。依托国家级和重点省份食品安全技术机构，推动建立若干标准研制核心实验室，加强技术研发储备。 　七、加强组织领导和管理考核 　食品药品监管总局将食品安全标准工作纳入食品安全工作评议考核指标体系，督促各地加强标准制定与监管的有效衔接。地方各级食品药品监管部门要高度重视食品安全标准工作，将食品安全标准工作纳入年度重点工作，建立健全标准管理协调工作机制，明确牵头处（科、股、室），及时协调做好标准相关工作。

食品安全标准是国家食品安全治理体系中的重要组成部分，也是指导食品生产质量的主要风向标。此前，我国食品行业长期出现国标、行标、地标和企标共存的局面，标准交叉、重复、冲突的现象较为严重。因此，要加快建立统一的食品标准，并按照不同产品类别划定质量等级，实施分级分类管理，做到既统一规范，又尊重差异。食品标准的制定应由政府牵头，行业协会主导，按照"统一规范，分级分类"的基本原则，在充分尊重各食品种类实际情况的基础上制定。"统一规范"是指在国家统筹的前提下，由行业协会、权威专家、食品企业等多方主体对同种食品制定统一规范的食品安全标准，防止"标出多门"，由此守住食品的安全底线；"分级分类"是指在保障安全的前提下，充分尊重食品特性，对不同类别的食品进行质量等级划分，明确各质量等级的具体评判标准，促使食品行业整体质量水平的提升，也为政府调整不同等级产品的供给布局提供主要依据。在标准制定后，还要进行系统性的优化，并在资金投入、技术研发、人才培养等配套机制上同步跟进。

5.1.3　《网络食品安全违法行为查处办法》颁布

2016 年 10 月《网络食品安全违法行为查处办法》的颁布，标志着网络食品从无权责、无质量标准规定到有法可依的转变。

1. 《网络食品安全违法行为查处办法》制定的背景

随着我国电子商务经济的迅猛发展，网络食品安全与人民群众日常生活日益密切，逐渐成为食品安全监管关注的焦点。一是参与网络食品经营的主体越来越多。同一个主体，同时开展线下和线上交易的现象越来越普遍，趋势越来越明显。二是网络食品经营法律关系相对复杂，涉及信息发布、第三方平台、线上线下结算、第三方配送等，民事法律关系更加复杂。三是网络食品经营监管难度更大。网络食品经营的虚拟性和跨地域特点给行政管辖、案件调查、证据固定、处罚执行、消费者权益保护等带来很大挑战。针对上述趋势，制定具有针对性和操作性的管理办法，非常必要。

2. 《网络食品安全违法行为查处办法》的管辖原则

对网络食品交易第三方平台提供者的食品安全违法行为查处，由网络食品交易第三方平台提供者所在地县级以上地方食药监部门管辖。

对网络食品交易第三方平台提供者分支机构的食品安全违法行为的查处，由网络食品交易第三方平台提供者所在地或者分支机构所在地县级以上地方食药监部门管辖。

对入网食品生产经营者食品安全违法行为的查处，由入网食品生产经营者所在地或者生产经营场所所在地县级以上地方食药监部门管辖；对应当取得食品生产经营许可而没有取得许可的违法行为的查处，由入网食品生产经营者所在地、实际生产经营地县级以上地方食药监部门管辖。

因网络食品交易引发食品安全事故或者其他严重危害后果的，也可以由网络食品安全违法行为发生地或者违法行为结果地的县级以上地方食药监部门管辖。

3.《网络食品安全违法行为查处办法》对食品生产经营者规定的义务

《网络食品安全违法行为查处办法》对食品生产经营者规定的义务如下所示。

（1）取得食品生产经营许可的义务。入网食品生产经营者应当依法取得许可，入网食品生产者应当按照许可的类别范围销售食品，入网食品经营者应当按照许可的经营项目范围从事食品经营。

（2）网络食品经营过程中相关义务。入网食品生产经营者不得从事下列行为：①网上刊载的食品名称、成分或者配料表、产地、保质期、贮存条件，生产者名称、地址等信息与食品标签或者标识不一致。②网上刊载的非保健食品信息明示或者暗示具有保健功能；网上刊载的保健食品的注册证书或者备案凭证等信息与注册或者备案信息不一致。③网上刊载的婴幼儿配方乳粉产品信息明示或者暗示具有益智、增加抵抗力、提高免疫力、保护肠道等功能或者保健作用。④对在贮存、运输、食用等方面有特殊要求的食品，未在网上刊载的食品信息中予以说明和提示。⑤法律、法规规定禁止从事的其他行为。

（3）公示相关信息。通过第三方平台进行交易的食品生产经营者应当在其经营活动主页显著位置公示其食品生产经营许可证。通过自建网站交易的食品生产经营者应当在其网站首页显著位置公示营业执照、食品生产经营许可证。餐饮服务提供者还应当同时公示其餐饮服务食品安全监督量化分级管理信息。相关信息应当画面清晰，容易辨识。入网交易保健食品、特殊医学用途配方食品、婴幼儿配方乳粉的食品生产经营者，还应当依法公示产品注册证书或者备案凭证，持有广告审查批准文号的还应当公示广告审查批准文号，并链接至食药监部门网站对应的数据查询页面。保健食品还应当显著标明"本品不能代替药物"。

（4）明确特殊医学用途配方食品中特定全营养配方食品不得进行网络交易。

（5）明确网络食品经营过程中的贮存、运输要求。网络交易的食品有保鲜、保温、冷藏或者冷冻等特殊贮存条件要求的，入网食品生产经营者应当采取能够保证食品安全的贮存、运输措施，或者委托具备相应贮存、运输能力的企业进行贮存、配送。

5.2　网络食品安全法制推进的不足

目前，我国涉及食品安全的立法众多，包括《中华人民共和国食品安全法》《中华人民共和国食品安全法实施条例》《餐饮服务食品安全监督管理办法》《食品安全信息公布管理办法》《进出口食品安全管理办法》等，但关于网络食品安全的立法仅有《网络食品安全违法行为查处办法》，在网络食品的二次运输、市场准入门槛、网络食品的法律法规和消费者维权等方面缺少专门的、独立的、有针对性的立法，这些空缺加剧了网络食品安全的严峻形势。

5.2.1　网络食品二次运输法制监管不严

相对于线下购物，网络购物在运输上有其特殊性。由于不是面对面交易，网络食品的运输环节分为两段：①由生产商运输到销售商；②由销售商运送给消费者。所以网络食品运输至关重要。食品贮存、运输是食品安全管理的重要环节。企业在从事食品贮存、运输和装卸时，要保持其陈放食品的容器、工具和设备是安全无害的，以防止食品的交叉污染，并保证食品在运输过程中所需的各种特殊要求。但由于食品物流操作环节的复杂性，加上参与企业众多，使得食品贮存与运输成为最难管理也最易出现问题的环节。

目前，我国食品物流业发展中存在三个突出的问题：①食品物流基础设施落后。当下，我国道路的主枢纽已经逐步成型，但未建立高效便捷、衔接顺畅、布局合理的交通运输体系，未能解决运输过程中的"最后一公里"问题。此外，我国还非常缺乏服务于区域经济的物流中心和物流基地，且物流基础设施的各种建设及规划缺乏统一的协调，设施的兼容性和配套性还有待提高，这些都极大地制约了食品物流的效率。②食品物流技术滞后。我国食品物流业处于起步阶段，在冷链物流方面的努力还存在欠缺，导致生鲜食品物流的作业效率不高。同时，物流网络信息的传递与共享难以充分实现。③食品物流规范标准不一。当下我国在食品物流领域的规范文件和管理标准较少，缺乏完善的食品物流规范管理体系。

食品物流业存在的问题在网络食品物流过程中更加凸显。在我国的网购食品日渐火爆的背景下，大规模、密集的网络食品运输过程中，有必要将这些经手网络食品贮存、运输的专业仓储、物流企业纳入法律监管范围。

5.2.2　网络食品行业准入门槛监管不严

近年来，随着互联网的发展壮大，网络食品的经营也随着淘宝、京东、美团、百度外卖等电商平台的崛起而风生水起。但是，在高效率和低成本的背景下，网络食品由于其准入门槛低下存在众多不可忽视的安全问题，市面上充斥着缺乏食品生产、流通、卫生许可证的"三无"店铺，食品安全的虚假宣传现象也屡见不鲜。2016 年 8 月 8 日《新京报》报道，一些无证、无照的黑作坊通过办假证挤进美团外卖、百度外卖平台。10 日，央视新闻报道称，北京食药监局工作人员表示，美团、百度外卖、饿了么三大网络订餐平台，对大量店铺未尽审查公示义务，已满足立案条件，现已锁定证据将立案调查。

我国《网络商品交易及有关服务行为管理暂行办法》规定，对从事网络商品经营的自然人，向网络交易平台服务的提供者提出申请，需要提交其姓名和地址等真实身份信息，大部分都不需要提供营业执照。据有关调查，国内最大电商平台淘宝网有 3000 多种自制食品，部分自制食品一个月甚至能出货数千件①。目前在互联网购物平台销售食品的个体商家，大部分没有从事食品行业所需要的生产、流通、卫生许可证。"不少自制食品销售者不能提供安全证明，存在很大安全隐患。"全国人大代表、思念食品公司董事长李伟说，网络销售自制食品的安全监管基本处于真空

---

① 网络自制食品安全隐患多代表建议加快立法. 民主法制网（2015-04-20）：http://www.mzfz.gov.cn/mzfzrd/715/2015042047851.html.

状态，建议加快网购食品监管立法进程，提高网络食品经营主体入市门槛，明确执法主体，对网购食品的全链条进行监管。

全国政协委员、北京一轻食品集团有限公司董事长兼总经理李奇在"两会议食厅：2015 年两会代表委员食品安全恳谈会"上发言表示，《食品安全法》的实施以及政府部门对食品安全问题的重视，都让我国食品安全现状逐渐好转。但一些城市的边缘地区、农村地区，由于从业者素质不高、在食品生产规范上的把控不严等都容易造成一些食品安全问题。他提出尽管政府鼓励创业，但监管部门仍需对食品行业准入提高门槛。李奇说："对涉及人命关天的这种行业，还是应该有所谨慎，也希望我们规范管理上的制度建设，因为关系到食品安全的问题。"

5.2.3　消费者维权困难

一方面，我国《食品安全法》没有明确针对网络食品销售的特殊性制定专门监督措施，没有明确将网络食品销售者列入接受法律监督的对象，也未对网络销售食品安全及网络食品经营者监管做出相应规定。由于网络食品违法成本较低，网店或网页关闭简单方便，网上违法和交易信息可随意修改或删除，违法者容易更换地址后继续开展经营，难以进行彻底查处取缔。一旦网购食品出现安全问题，消费者合法权益难以得到有效保障。

另一方面，网购食品无法出具正规发票，消费者因为没有消费凭证很难得到赔偿。加之网购食品多数属于异地购买，工商部门是属地管理，无法对异地商家进行处罚；即便投诉到卖家所在地的工商部门，也很难找到卖家。就算能够找到，由于食品的特殊性，一些卖家会以买家保存不当等理由拒绝赔偿。消费者面临网络食品维权时，往往陷入被动状态。

5.3　网络食品安全法制发展新方向

5.3.1　规范外卖、快递行业乱象

《中国餐饮产业发展报告（2016）》数据显示，2015 年全国餐饮收入达到 32310 亿元，同比增长 11.7%；其中线上餐饮收入 8667 亿元，占全国餐饮收入 26.8%，同比增长 7%。2015 年中国餐饮 O2O 在线用户规模超过 2 亿人，2015 年在线餐饮收入 1389 亿元。

食药监部门今后将加强网络食品入网的监管，定期或不定期到第三方平台公司进行落实，同时要求平台就审查商家资质、平台投诉处理、食品安全应急处置、消费者赔偿制度等建立档案，每月以电子版、每半年以纸质形式将商家档案报送至食药监部门。同时鼓励第三方平台相应管理人员多学习掌握食品安全知识，鼓励平台自查上线商家，如家庭式"黑作坊"、"脏乱差"的黑店面等，规范网络外卖行业。快递业在高速发展的同时，也暴露出一些亟待整治的问题，如快递安全形势严峻、市场经营秩序不规范、快递业发展与服务不匹配、终端"最后一公里"等问题比较突出，快递延迟成"慢递"、野

蛮分拣、违法扣留快件、物品丢失受损索赔难、投诉受理难、赔付标准不统一，泄露倒卖客户个人信息，甚至发生毒贩通过快递贩卖毒品的案件，快递乱象频出，亟待通过出台立法予以解决。

5.3.2　规范行业准入门槛

目前 C2C 的网站大多数都采取的是网上开店"零门槛"的政策，只要卖家申请网站账号、支付宝、身份证实名认证、账号绑定支付宝等信息就可以开店了。网站只是起到了"市场管理者"的作用，对于食品卖家的身体健康状况、产品质量、产品储藏、产品运输、售后服务等方面，缺乏全面监管。因此，规范网络食品的"准入门槛"，更能有力保障消费者的权益。

中国消费者协会发布的 2016 年消费投诉分析显示，在具体服务投诉中餐饮服务投诉量位居第四，以网络购物为主体的远程购物的投诉量在服务投诉中依然遥遥领先，侵权行为频发，需要进一步加大网络购物领域消费者权益的保护力度。同时，投诉热点分析显示，网络购物、电视购物消费投诉成为消协组织遇到的普遍性投诉。质量问题、质量担保未落实、实物与宣传不符、网络交易七日无理由退货执行难、保价承诺不保价、优惠活动规则不明晰、商家单方面取消订单等成为投诉热点。

网上"零门槛"开设食品外卖商店，降低了卖家的素质考核的工作要求，增加了监管卖家信誉的难度。国家食药监网购食品设立"准入门槛"，能够让行业行为更加规范。

5.3.3　规范网购食品责任主体

网络食品交易第三方平台提供者应当对入网食品经营者进行实名登记，明确入网食品经营者的食品安全管理责任；依法应当取得食品生产经营许可证的，还应当审查其许可证。消费者通过第三方平台购买食品，其合法权益受到损害的，第三方平台如果不能提供入网食品经营者的真实名称、地址和有效联系方式，由第三方平台赔偿。网络食品提供者对于手工制作或散装的食品必须提供相关证照，说明食品生产、运输、流通到储藏各环节情况、许可证件、检验检疫合格证明、质检合格证明和各批次的质量检验报告书；在销售食品时必须根据《食品安全法》的规定，如实标明食品生产厂家、地址、电话、产品保质期、许可证号等必要信息。

对网购食品进行严格监管，并非是仅仅针对食品生产者和经营者，而是对运营平台、销售体系、物流体系包括售后服务进行全方位监管。从事网络食品交易、销售，甚至宣传各个环节的提供者，都要承担相应的法律责任。

5.3.4　加快网购食品法制建设

"食品安全关乎千家万户的健康。网络不是法外之地，对互联网食品销售进行监管，势在必行。"全国人大代表、思念集团创始人李伟建议。在食品安全法基础上，加快网购食品监管的立法进程，出台网络销售食品管理办法，提高网络食品经营主体的入市门槛，规范网络食品监管。

全国人大代表、浙江省肿瘤医院副院长曾建议①，在《食品安全法》基础上，加快制定相关法律、法规、规章互补，加快修订完善《中华人民共和国食品安全法实施条例》（以下简称《食品安全法实施条例》），提高网络食品经营主体的入市门槛，加强网络食品经营实名制管理，实行网络食品经营电子营业执照和食品流通许可制度，规范网络食品交易平台服务提供者与网络食品经营者的责任义务，防控网络食品安全事件的发生，净化网络食品市场，保证食品生产经营规范有序和监督管理依法有据。

为此，亟须建立全国统一的网购监管信息平台，这个平台应当由工商部门、工信部门、商务部门、消费者协会、电商交易平台等多方共同组建，并和地方工商、消费者协会部门形成有效对接，打破属地管理的执法的地域壁垒，整合食品监管职能部门信息，加快建立综合性食品安全信息发布平台，公开生产企业经营信息数据，实现信息共享，建立食品安全监管部门合作议事机制，形成互联、互能、互动的全方位监管合力，切实保障公众生命安全和身体健康。

---

① 加快完善网购食品安全监管和数据共享. 中国质量新闻网（2013-03-19）: http://www.cqn.com.cn/news/zgzlb/dier/686098. html.

第 6 章　网络食品安全政府信息公开的进展

俗话说"民以食为天，食以安为先"，食品有疑则民生不安。食品安全信息公开不仅是《食品安全法》《政府信息公开条例》的规定，还是保障食品安全供给的重要手段，也是保障公众知情权、生命健康权的必然要求。而随着网络食品逐渐进入百姓的生活，网络食品的信息公开也成为社会各界重点关注的问题，并且由于网络食品与传统食品的不同特性，在信息公开方面也显示出不同的特点。本章主要从政府的角度来探讨网络食品信息公开的进展状况，分析政府现阶段对于网络食品信息的披露现状、不足与未来的发展方向。

6.1　网络食品安全政府信息公开状况

食品安全问题关系到人民的生命健康、经济的健康发展和社会的和谐稳定。食品安全信息公开是政府信息公开的重要组成部分，推进食品安全信息公开是近几年我国政府信息公开的重点工作之一。在市场交易信息失灵和公民知情权呼求下，政府应当加强食品安全信息公开，以消解社会大众的食品安全"焦虑"，维护人民群众的切身利益和社会的安定。对于网络食品安全的政府信息公开状况主要从三个方面表现：信息公开机构、信息公开渠道与信息公开内容。

6.1.1　网络食品安全信息公开机构

为规范网络食品经营行为，加强网络食品经营监督管理，根据《食品安全法》等有关法律法规的规定，2016 年 5 月国家食药监总局起草了《网络食品经营监督管理办法（征求意见稿）》[①]。网络食品不同于其他食品，它主要通过网络平台进行流通，因此相比普通的食品供应链，网络食品的供应链监管中多了网络食品交易第三方平台，第三方平台同时也承担了一部分的信息公开责任，应当及时接收、处理和报告食品安全信息。

该法第二十二条规定，网络食品交易第三方平台提供者应当建立检查制度，设置专门的管理机构或者指定专职管理人员，对平台内销售的食品及信息进行检查，对虚假信息、夸大宣传、超范围经营等违法行为以及食品质量安全问题或者其他安全隐患，及时制止，并向所在地县级食品药品监督管理部门报告，发现严重违法行为的，应当立即停止向其提供网络食品交易平台服务。

---

① 食品药品监管总局关于征求《网络食品经营监督管理办法（征求意见稿）》意见的通知. 国家食品药品监督管理总局网（2015-08-18）：http://www.sda.gov.cn/WS01/CL0782/126839.html.

因此，对网络食品而言，政府信息公开机构主要分为三级，分别是国家食药监总局、省级食药监部门和县级以上地方食药监部门。

国家食药监总局承担全国网络食品经营信息监测工作，建立全国统一的网络食品经营信息监测系统和统一监测、分级处理工作机制。国家食药监总局对监测发现的涉嫌违法行为的信息，通过网络涉嫌违法案件查办机制，转送违法行为发生地的省级食药监部门处理。

省级食药监部门对网络食品违法案件查处结果及时汇总，并上报国家食药监总局。

县级以上地方食药监部门发现网络食品交易第三方平台内有违反食品安全法律法规的行为，依法要求网络食品交易第三方平台提供者采取措施制止的，网络食品交易第三方平台提供者应当予以配合。县级以上地方食药监部门应当指定专门的机构，配备专业技术力量，开展网络食品交易活动日常监管。

6.1.2　网络食品安全信息公开渠道

为了最大可能地满足社会各界的知情权，不断拓宽信息公开渠道，加强政务信息公开工作，充实完善各类信息，最大范围公开信息，最大限度地服务办事对象和人民群众，各级食药监局建立了各类信息公开渠道，主要有以下几种方式。

（1）各局门户网站等网络平台的政务信息公开工作。各级食药监局在抓好本局门户网站行政许可、行政处罚、药品零售企业 GSP 认证、食品抽样快检结果公示等与群众生活密切相关的政府信息公开工作的同时，还积极通过县政府门户网站、省食品药品行政处罚案件信息公开网等网络平台发布工作动态、行政许可信息公示、案件信息等事项，进一步加强信息公开工作。

（2）通过与县广播电视台签订合作协议，并租用商场大型 LED 屏幕，主动公开案件信息、快检公告、食品安全消费提示等事项。同时，通过播放食品药品安全知识的动漫小视频加强食品药品安全知识宣传。

（3）充分利用全县农贸市场、超市果蔬农残免费检测点 LED 电子显示屏发布信息。各检测点 LED 屏幕目前除了用于检测点检测结果公布外，还在空档时段发布食品安全消费提示信息、食用农产品抽检信息、食品流动快检车快检信息等内容，不断增强信息公开的实效。

（4）创建专属新媒体平台宣传公布信息。在各级食药监局官网建立抽检信息公布专栏和抽检数据查询库的基础上，国家食药监总局组织开发了抽检信息手机查询客户端 APP——"食安查"，上线 4 个月浏览量超过 361.6 万次。目前，消费者可通过手机、网站、报纸、电视等多渠道获取抽检信息，增强了获取信息的可及性，提升了公众共享监管成果的获得感。同时国家食药监总局于 2016 年初开通官方微信号"中国食事药闻"，每天晚间都会推送科普知识、政策解读、食药安全的动漫视频。结合已开通的微博和客户端，国家食药监总局完成了"两微一端"新媒体平台搭建。2016 年 7 月，"中国食事药闻"推出了"'伏天'饮食消费风险提示""守护宝宝的'口粮'安全"等科普知识视频，一经推送就达到了过万的阅读量。目前"中国食事药闻"微信已推送科普文章 225 篇，涵盖视频、图文等多种科普宣传形式①。

（5）联合各个媒体平台公布信息。国家食药监总局等部门指导的"中国食品辟谣联盟"，通过引入辟谣联盟等众筹机制和新媒体手段，不断畅通科学权威的传播渠道。新华网、人民网、央广网等多家网络媒体，以及《经济日报》《新京报》《南方周末》等多个传统媒体，成为食品药品监管信息进行媒体化加工包装的重要平台。通过与媒体合作，食品药品监管信息发布工作正实现由总局唱"独角戏"，到联合社会力量共同"大合唱"的巨大转变。

例如，江苏省泰州市食药监局就大力丰富了公开载体，拓展政府信息公开工作途径：①充分发挥传统媒体作用。在《泰州日报》《泰州晚报》和泰州电视台等主流媒体登载诚信红黑榜、消费提示、监管动态等信息；②充分发挥科普宣传站的作用，全市共建成科普宣传站 260 余家，通过宣传栏及时公开各类信息；③积极打造自媒体宣传平台，开通了"泰州食药监"微信公众账号，主要推送监管动态、公示通告消费提示、曝光台、投诉举报、办事指南等与市民生活息息相关的信息。同时，与泰州本地影响较大的"泰无聊网站"进行合作，以食品安全监督抽检、专项整治信息为素材，通过其微信公众账号每周发布一次"食品药品消费提示"，目前已发布 35 期。在"泰州市食药监"政务微博上发布消费提示信息 210 余条②。

6.1.3　网络食品安全信息公开内容

食品安全信息，是指县级以上食品安全综合协调部门、监管部门及其他政府相关部门在履行职责过程中制作或获知的，以一定形式记录、保存的食品生产、流通、餐饮消费以及进出口等环节的有关信息。原《食品卫生法（试行）》和《食品卫生法》等均未明确提出食品安全（卫生）信息公开的概念，前述两部法律对食品安全信息公开的规定，只在食品卫生监督职责中提及食品卫生监督机构"宣传食品卫生、营养知识，进行食品卫生评价，公布食品卫生情况"。2007 年制定的《政府信息公开条例》对政府信息公开的范围、方式、程序等问题进行了明确规定③。2009 年《食品安全法》第十七条、第八十二条等相关条文也专门针对食品安全信息公开问题进行了规范④。

根据《政府信息公开条例》第九条，食品安全信息既属于涉及公民、法人或其他组织切身利益的信息范畴，也符合需要社会公众广泛知晓或参与的信息范畴。因此，政府相关部门应该主动公开食品安全信息。食品安全信息分为卫生行政部门统一公布的食品安全信息和各有关监督管理部门依据各自职责公布的食品安全日常监督管理的信息。

国务院卫生行政部门负责统一公布以下食品安全信息。

① 食品药品监管总局就 2016 年食品安全抽检信息及 2017 年抽检计划举行发布会. 红网（2017-01-18）：http://gov.rednet.cn/c/2017/01/18/4194123.htm.
② 市食品药品监督局 2015 年政府信息公开年报. 泰州市政府信息公开网（2015-12-28）：http://xxgk.taizhou.gov.cn/xxgk_public/jcms_files/jcms1/web48/site/art/2015/12/28/art_7749_82600.html.
③ 中华人民共和国中央人民政府：中华人民共和国政府信息公开条例. 中国政府网（2007-04-05）：http://www.gov.cn/xxgk/pub/govpublic/tiaoli.html.
④《中华人民共和国食品安全法》（主席令第 21 号）. 国家食品药品监督管理总局网（2015-04-24）：http://www.sda.gov.cn/WS01/CL0784/118041.html.

（1）国家食品安全总体情况。包括国家年度食品安全总体状况、国家食品风险监测计划实施情况、食品安全国家标准的制定和修订工作情况等。

（2）食品风险评估信息。

（3）食品风险警示信息。包括对食品存在或潜在的有毒有害因素进行预警的信息；具有较高程度食品风险食品的风险警示信息。

（4）重大食品安全事故及其处理信息。包括重大食品安全事故的发生地和责任单位基本情况、伤亡人员数量及救治情况、事故原因、事故责任调查情况、应急处置措施等。

（5）其他重要的食品安全信息和国务院确定的需要统一公布的信息。

各相关部门应当向国务院卫生行政部门及时提供获知的涉及上述食品安全信息的相关信息。

省级卫生行政部门负责公布影响仅限于本辖区的以下食品安全信息。

（1）食品风险监测方案实施情况、食品安全地方标准制定、修订情况和企业标准备案情况等。

（2）本地区首次出现的，已有食品风险评估结果的食品风险因素。

（3）影响仅限于本辖区全部或者部分的食品风险警示信息，包括对食品存在或潜在的有毒有害因素进行预警的信息；具有较高程度食品风险的警示信息及相应的监管措施和有关建议。

（4）本地区重大食品安全事故及其处理信息。

县级以上卫生行政、农业行政、质量监督、工商行政管理、食品药品监管、商务行政以及出入境检验检疫部门应当依法公布相关信息。日常食品安全监督管理信息涉及两个以上食品安全监督管理部门职责的，由相关部门联合公布。各有关部门应当向社会公布日常食品安全监督管理信息的咨询、查询方式，为公众查阅提供便利，不得收取任何费用。

自《网络食品经营监督管理办法（征求意见稿）》出台后，食品监管的重点不再局限于线下零售企业，而将线上食品也纳入了监管范围。例如，国家食药监总局在 2017 年 5 月组织了抽检炒货食品及坚果制品、淀粉及淀粉制品、酒类、冷冻饮品、饮料等 10 类食品 446 批次样品，其检查出的不合格产品多出现于电商网站，如天猫（网站）商城天猫超市销售的标称乌鲁木齐市西域华新网络技术有限公司委托乌鲁木齐丰疆物语网络技术有限公司生产的核桃仁，真菌检出值超出国家标准 13.4 倍；1 号店自营在其网站销售的标称新疆楼兰蜜语生态果业有限责任公司委托武汉金绿诚食品有限公司生产的薄皮核桃，真菌检出值超出国家标准 7 倍[①]。

6.2　网络食品安全信息公开的不足

食品药品监管具有一定的专业性，因此消费者很难通过常识判断某一食品经营行为的合法性。而职能部门面对第三方平台的海量信息，亦难以及时捕捉到违法行为。信息不对

① 总局关于 4 批次食品不合格情况的通告（2017 年第 86 号）．国家食品药品监督管理总局网（2017-06-06）：http://www.sda.gov.cn/WS01/CL1687/173505.html.

称性在一定程度上提高了违法信息发布和违法交易的隐蔽性,其中网络食品尤为突出。《食品安全法》要求食品中食品添加剂、食品相关产品应当符合我国食品安全国家标准,然而对于普通消费者而言,其很难通过自身知识判断某一产品是否符合我国食品安全国家标准,一旦监管缺失,必然造成极大的食品安全隐患,因此网络食品安全信息的公开显得更为重要,但是从现阶段我国政府部门公开的信息情况来看还存在一些不足。

6.2.1　网络食品监管对象涵盖不全

2017 年 2 月 10 日,国家食药监总局发布了《网络餐饮服务监督管理办法(征求意见稿)》,在一定程度上弥补了入网餐饮服务的立法空白,但是其并未对网络送餐服务、自媒体售卖自制食品等行为做出明确规定。例如,常见的利用朋友圈、微博等自媒体进行售卖自制食品的行为,暂无立法进行规制,导致有很大一部分并未经过检疫检验流程的"三无"食品流通到了市场。同时由于网络食品交易场所与传统意义上的经营场所有差别,网络交易的相关资料有可能涉及生产经营单位的商业秘密,因此该条规定在一定程度上延展了职能部门的调查权限。然而值得探讨的是,违法进行网络食品交易的场所到底应该如何界定。以"家庭式厨房"为例,依据《食品经营许可审查通则(试行)》第十二条第三款规定,无实体门店经营的互联网食品经营者无法申请办理相关食品经营许可,因此其一旦在网络平台上销售相关产品,必然应当被依法取缔。但"家庭式厨房"的交易场所极有可能是独立的家庭生活单元,监管部门是否确实能够进入并实施调查仍有待商榷。由于无法将上述自媒体视为严格意义上的网络食品交易第三方平台,对其监管尚存法律空白,从而在立法上出现了漏洞,让执法者无所适从,面临监管执法尴尬,因此对于此类网络食品难有信息公开。

6.2.2　信息公布不及时

虽然《网络商品交易及有关服务行为管理暂行办法》赋予了工商部门对网络市场经营主体的监管权力,但在实际监管活动中,遇到不少尴尬。一是一些自然人经营者所提供的信息不真实,还有一些自然人经营者经常变换服务平台,导致提供网络交易平台服务的经营者定期向所在地工商部门报送的统计资料不能真实反映网站平台上经营主体信息,这使得工商部门对网络食品市场主体信息掌握不及时或者掌握不准。二是调查取证难。开展网络市场监管工作,必然会牵涉网页、音频、视频等电子证据。然而电子证据特有属性决定了它很容易被删改或者损坏。与此同时,我国目前对电子证据在法律上没有明确定位,它的概念、性质、证明力、提取和固定方法及程序等均没有明确规定,因而导致查找和确认相关证据资料时面临困难,调查工作常常无际可循。这两点难度导致网络食品的相关信息不能及时公布。中国人民大学法学院副院长胡锦光也表示网络购买食品的虚拟性使得生产经营者和消费者之间的信息不对称问题仍较为突出,平台在承担管理义务时,其也可能存在信息披露不完全抑或不及时的问题①。

---

① 2016 食品安全热点③:解决网络食品监管需要解决信息不对称问题. 中国经济网(2017-01-06):http://www.ce.cn/cysc/sp/info/201701/06/t20170106_19438484.shtml.

6.2.3　信息发布途径单一、发布量少

　　从发布渠道上来说,食品安全行政机关发布网络食品安全行政检查信息的途径比较单一,相对于丰富的信息传播渠道,主要通过自己的门户网站发布相关的食品安全行政检查信息,不论是从内容还是从受众面上都不够有影响力。从这些信息的发布量来看,专项检查的信息较多,日常检查的信息较少,对于线下渠道的食品检查较多,对网络食品进行检查的较少。依据《食品安全法》和《政府信息公开条例》的规定,应当公布的一些法定信息也未能公开,不能满足公众的需求。并且现在食品追溯系统并没有完全在食品行业得到推广,食品安全行政机关发布的食品追溯信息发布量少。而食品安全追溯信息的发布有助于一旦出现问题,可以迅速找出问题的根源,从而及时处理食品安全事件,减少损失。只有在追溯食品可行的基础上,才能发布问题食品的召回情况的相关信息。

6.2.4　信息发布内容不全面

　　网络食品交易一般由销售者以网站图片、文字展示的方式对消费者发出邀约。对于 B2C 模式下的经营企业而言,其基本具有固定的经营场所和库房,因此仍可通过现场检查等传统执法手段对其经营行为进行监管。然而一旦涉及跨区域的经营主体,职能部门难以直观判断产品性状,从而弱化了其感知食品安全隐患、控制食品风险的能力。以食品标签标识为例,《食品安全法》明确规定预包装食品应当在其独立销售的最小单元上标注产品的生产日期、保质期、产品标准代号、生产许可证编号等内容,但并未要求网络食品经营者必须在销售页面上公示所售产品的标签信息,因此消费者只有在先行完成网购行为,获得实物后才能进行判定。加之物流等中间环节,即便取得实物也无法完全判断产品具有的安全隐患是否一定是在网售环节中发生的,这极大地影响了行政执法的准确性与有效性,食品安全的相关信息也更加难以完整获得。2017 年在北京召开的国际食品安全大会中国际食品科学技术联盟主席侯任、美国明尼苏达大学教授 Mary Schmidl 也表示,网络食品应该用详细完整、措辞合理负责的标签做出其信息公示,以保证其安全,但是在现实中却是难以实现的[①]。

　　此外,网络食品经营活动不受地域限制,同一批次产品受众可能分布在多个行政区域,因此难以引起职能部门的重视,导致难以获取全面的网络食品信息。

6.2.5　过程信息公布较少

　　从《政府信息公开条例》第九条以及现代行政由"秩序行政"向"服务行政"转变的大趋势来看,食品安全信息公开的范围不仅包括结果公开,还应该包括过程信息的公开。

---

　　① Mary Schmid: 网络食品要有标签注明真实信息. 新浪新闻网(2017-04-21): http://news.sina.com.cn/c/2017-04-21/doc-ifyepsra 5010850.shtml.

但是从现在的网络食品安全公开信息来看,政府部门对网络食品安全抽检结果大部分只公布最终结果,对包括抽验方法、样本数量、抽验对象、抽检后的处理结果等过程信息往往隐而不发,容易引起较大的争议和质疑。食品安全信息的过程公开,实际上关系到结果公开的可接受性、可信度等问题,关系到民众食品安全信心的构建。如果过程信息的公开没有做好,实际上会影响民众对食品安全工作的信任度。特别是当出现标准制定结果与公众期望不一致时,在信息不对称的情况下,公众对食品安全标准制定的程序、参与者的背景、标准本身的公允性、标准制定过程中对公开征求意见的采纳结果与理由说明的执行情况等,均会持怀疑态度。这不仅不利于标准的执行,也容易增加社会各界对食品安全的忧惧心理。

6.2.6　信息的可获得性较差

食品安全信息公开最重要的一点是信息的可获得性。食品安全信息的结果公开是目前食品安全监管工作中常见的公开的形态,但这种公开往往不是以"用户体验"作为主要依据的,其公开的方式、途径往往不尽一致,各种信息交织在一起,存在查询不便等问题。食品安全信息的可获得性较差,例如,自 2009 年原《食品安全法》颁布以来,食品安全国家标准的清理工作逐步开展,但截至目前公布的国家标准从卫生行政部门的网站并不能快捷、便利地查询。

6.3　网络食品安全信息公开的新方向

网络食品安全信息公开的过程中还存在一些不足,因此为了进一步规范政府网络食品安全信息公开工作、提升公开效果,实现让信息多跑路、让群众少跑腿,还需要从多个方面加强工作,并且利用新发展的各类信息技术来有效地进行网络食品安全信息的公开工作。

6.3.1　完善法律制度

通过立法和修法进一步明确食品安全监管执法信息公开范围。立法机关对"国家秘密、商业秘密和个人隐私"应确立正当的裁量程序和更清晰的裁量标准;行政执法机关也应及时清理、更新、删除那些过时、失效的食品安全监管执法的实施性行政规范,并且完善以法律解释和能动行政为常态的修补机制解决立法滞后。法律的滞后性乃是法律与生俱来的,因而也是不可避免的,固然应立法或修法,对此,能够实时地提供制度支撑的方法有两种:一是加强法律解释,最大限度地发挥规范的力量;二是提倡能动行政,发挥行政的积极性。

未来应进一步完善网络食品安全标准管理制度和程序;完善公开征求意见的方式、渠道,建立更广泛领域专家参与标准工作的制度和工作机制;加快食品安全标准清理和制定修订工作;进一步做好食品安全标准公开、透明工作。加强信息公开,进一步完善更广泛领域专家参与讨论的机制,广泛听取社会各界意见,增加公众参与程度;开展食品安全国家标准的相关研究等。

6.3.2　转变监管手段和方式

建立网络食品安全监管体系：①以 12315 指挥系统为平台，充分整合工商系统内部的市场准入系统、12315 指挥系统和食品流通许可证管理系统，加强网络食品经营者的基本信息公开，拓展工商系统对流通环节网络食品的监控面；②逐步搭建全国工商系统食品安全监管平台，强化地区间工商部门网络食品安全联动处置和异地互动消费维权，实现全国网络食品安全监管快速反应机制。

建立网络食品安全监测系统：①在食品安全监管平台的基础上实现网络食品安全监测的网络平台统一、指挥统一、信息发布统一。通过平台实现网上受理营业执照申请、核发电子版营业执照，网上消费者申诉、举报等网上受理功能；②实现网上指导功能。通过平台发布网络监管指导意见，网上解答经营者、消费者咨询，发布法律法规、网络消费注意事项、警示案例等；③实现自动监测取证功能。执法人员可以通过"网络经营监测软件"等工具，对网站经营者主体信息进行自动搜索，对网上违法线索进行自动查询和网上取证。

建立多级网络食品安全监测点：①聘请买家为网络食品安全信息员，专门对网络平台服务商和网络食品经营者进行监督并及时向工商反馈；②在网络食品安全监测系统中专门设立食品安全投诉举报页面，并专人负责处理；③实行属地监管制，由网络平台服务商管辖地工商部门实行网络监管，网站服务器异地的则由所在地配合协助监管。

6.3.3　加强信息公开透明化

强化网络食品安全信息的公开透明化。国家工商总局应建立全国统一的网络食品安全专业门户网站，收集发布食品安全相关信息，实现网络食品安全信息的公开透明，方式有：①强制推行网络食品安全和管理信息公开制度，工商部门应当及时公开食品生产经营者的登记注册基本情况和相关食品证照信息，要求所有从事网络食品经营主体必须用网络技术手段建立网络食品监管台账和对其销售的食品开展索证索票；②对于手工制作的或散装的食品必须提供相关证照，所有对外销售的食品均需要取得有关部门的相关证照并主动面向公众展示；③规范网络食品信息发布内容，在食品的相关页面必须根据产品质量法和食品安全法的规定如实明示食品的生产厂家、地址、电话、商品保质期、许可证号等必要的标签、标识、说明书和相关检验报告书等信息，手工制作的或散装的食品则必须说明食品生产、运输、流通到储藏各环节情况、许可证件、检验检疫合格证明、质检合格证明和各批次的质量检验报告书；④定期发布网络食品安全检测通报；⑤不定期公布区域性或不同类的食品安全警示信息。

6.3.4　加强部门合作

整合各职能部门的监管信息，共建食品安全数据库，公开生产企业经营信息数据。针对目前我国食品多头监管的现状，政府必须要整合职能部门的监管信息，利用互联网的信息化技术优势，以政府牵头、部门共建的方式，通过各职能部门的数据共享和企业的参与，加快建立一个综合性食品安全信息发布平台，政府公布食品生产、批发企业基本信息，食品生产、批发企业公开食品生产和管理安全信息，提高我国食品安全信息的透明度，接受社会各界和媒体的监督。

同时，要健全各县市的食品信息公开组织，调整充实各级政府信息公开工作领导小组、监督小组及领导小组办公室，落实一把手全面领导、分管局领导直接负责、局办公室负责日常工作、各科室积极参与的工作机制，局办公室以及各科室都明确专人负责信息公开工作。召开会议专题研究制定政府信息公开工作方案，明确信息公开工作的原则、责任分工、公开内容、方式方法、工作要求等，将信息公开各项工作任务细化、量化到具体岗位、具体人员，确保每一项工作都有人抓，有人落实，有人负责。

6.3.5 加强社会诚信建设

食品安全问题根本上是社会诚信问题。加大诚信体系建设力度，建立生产经营者诚信信息平台，并与诚信体系相对接；加大对违法、犯罪行为的处罚、打击力度，大大提高失信成本；要把实施"黑名单"制度落到实处，对列入"黑名单"的企业主和个体工商户进行严惩，加大对失信、违法等行为的曝光力度。

推进网购平台服务商和食品网站的行业自律。首先要加强网络食品交易信息安全。做好网上经营者发布商品信息时网上备案工作，保留网上经营者档案和交易历史数据，并定期向工商部门备案；实行对交易的食品信息、售卖信息进行审查和监督管理的义务，发现问题应及时采取措施，并及时向工商等部门报告；实行先行赔偿义务，施行保证金制度，使得在发生网络消费纠纷时，一旦食品卖家负主要责任时，可先行对买家进行赔偿。其次要加强管理和指导。积极开展对网络食品经营会员的食品安全和管理信息公开指导，充分利用网络技术加强对网络食品经营者相关食品信息的检查，确保网络食品经营会员如实、规范标注食品相关安全和管理信息。最后要积极协助政府部门执行网络食品安全监管。网购平台服务商要积极协助政府部门开展网络经济执法，配合职能部门调查，及时对反馈的违法和失信的食品经营者进行网上公示、下网退市等技术处理，主动配合政府发布食品安全信息警示，从而净化网络食品经营环境。

6.3.6 利用大数据构建智慧系统

虽然新技术的应用随处可见，但如何有效利用科学技术，加强食品安全监管还是一个有待深入探索的命题。国家食药监总局应急管理司应急监测处桂彬指出，食品监管业态比较复杂，行政相对人众多，而监管人员相对不足，利用新理念、新技术、新模式提高监管执法的效能，成为迫切需要解决的问题，而大数据正是达成目标的有效途径之一。在国家层面上，2015 年 9 月，国务院印发《促进大数据发展行动纲要》，要求在企业监管、质量安全、节能降耗、环境保护、食品安全等领域推动市场监管、检验检测等数据的汇聚整合和关联分析。再加上我国食品安全监管工作起步晚、底子薄，监管队伍不强，技术水平不高，传统监管模式已不能满足实际需要，有效运用大数据加强食品安全监管成为当务之急。各省市食药监局可以建立智慧食药监系统，通过设置社区食药网格监管员将日常监管信息确定、上传网站，除了在日常监管子系统留下监管痕迹以外，智慧食药监系统还会将监管中的案源系统共享给案件子系统、诚信系统，通过汇总分析这些数据从而在食品生产企业进行信用等级评价、实行黑名单管理等方面发挥重要的作用。

第7章 网络食品安全监管模式的进展

传统的食品安全监管模式主要以政府相关部门为主导,对食品进行抽检、对商户进行实地检查并制定相关的政策法规。而由于网络食品生产销售的虚拟性及线下生产网点的分散性,政府对其实施监管面临着极大的困难,例如,许多网络食品商户没有线下实体店,故相关部门无法进行实地检查,显然,传统的监管模式已经不适用。为解决这一监管困境,社会各界频频发力,提出了"以网管网"、"政企协作共治"、"五位一体"、社会共治等几种针对网络食品的监管新模式。

7.1 网络食品安全监管模式现状

7.1.1 "以网管网"监管模式

如今政府在食品方面的监管主要还是传统的人工台账监管,主要监管方式是定期专项检查或不定期抽查,食品电子监管的系统没有统一规范,各部门电子监管系统处于探索中,再加上网络食品透明性低这一特点,网络食品的监管难度极大,而"以网管网"监管新模式的出现打破了这一不利局面(图7-1)。

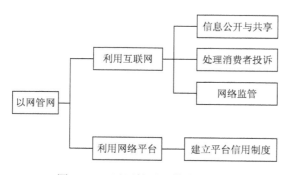

图 7-1 "以网管网"模式框架图

"以网管网"监管模式旨在通过互联网将各方资源进行整合,加大对网络食品的监管力度,拓宽监管范围,包括两方面:一是利用互联网对网络食品进行监管;二是利用网络平台对食品商户进行监管,主要有以下几个要点。

(1)通过互联网加大信息公开程度与信息共享程度。监管部门督促入网餐饮企业食品经营许可证公示、量化分级信息公示、顾客评价信息公示和食品安全问题商户黑名单公示;另外,政府与平台食品安全数据信息对接,建立大数据信息共享网,实现区域入网食品企业入驻信息共享、许可信息共享、食品安全社会评价和投诉信息共享,当商家上传证照后,平台可及时查验证照的真实性，杜绝使用假证，违规商家一旦被监管部门列入黑名单，平台可及时将其下线。

（2）通过互联网加强社会对网络食品的监督。多省市提出"明窗亮厨"这一概念，即在网络食品作坊的厨房、仓库等地安装摄像头，在网络平台上直播食品的原料采购、存储及加工过程，监管者和消费者等监管主体可通过直播平台对网络食品进行监管。

（3）通过互联网加强网络投诉处理。建立统一的网络维权平台，开辟以公共微博、微信为主要平台的网络维权通道、网上受理投诉、线上搜集证据、线下调查处理、网上及时反馈，形成网络投诉处理闭环模式。

（4）建立网络平台信用积分制度，加强网络平台对签约商家的监督力度。仿照个人信用制度，有关部门对网络平台采用信用积分制度，将网络平台与商家捆绑在一起，一旦发现商家资质有问题，或所售食品出现安全问题，网络平台信用积分要相应减少，不同信用积分对应不同经营规模，以此督促网络平台对签约商家进行监管。

"以网管网"的监管新模式在一些地区取得了不错的成果。例如，2017 年 2 月 21 日，广州市食药监局与"饿了么"平台签署了《网络餐饮食品安全社会共治合作备忘录》。根据双方战略合作内容，双方将充分整合政府监管执法和网络食品交易第三方平台企业管理的力量，探索广州市网络餐饮食品安全"以网管网"社会共治新模式，共同建设"三网一平台一机制"，在广州率先启动"明厨亮灶万店直播"，通过亮证、亮照、亮后厨、亮评价等一系列安全保障举措，双方共同把广州市食品安全"亮"出来。这是广州市食药监部门为推动网络食品安全社会共治的积极探索，目的是进一步提高广州市网络食品安全治理效率，更好地保障市民食品安全。通过政企合作，突破了线下食品监管的传统模式，充分发挥了网络管理技术优势，实现"以网管网"的网络订餐监管新模式[①]。

7.1.2　"政企共治"监管模式

随着网络食品企业各种问题的出现，网络食品监管模式也在不断地完善中。传统食品企业监管模式走的是一条从单一政府监管到社会共治的道路，这样的道路对于网络食品监管同样适用。随着网络食品交易量的日渐增加，传统的政府作为单一主体进行监管的模式漏洞百出，而"五位一体"社会共治模式并不成熟，此时政企协同共治模式便成了过渡阶段最受推崇的模式之一。

政企协同共治模式（图 7-2）是基于两个主体协同下的监管，包括两部分：一是政政合作，强调食药监部门与其他政府部门之间的合作；二是政企合作，强调政府监管部门与网络平台的合作，其要点如下。

（1）建立政府部门联动监管机制。食药监部门与公安机关、网络信息主管部门、电信主管部门、司法部门等合作，实现监管部门之间数据共享，加强对网络食品经营行为的监督检查，强化行政处罚与刑事司法的有效衔接。很多食药监部门与网络平台进行合作，对

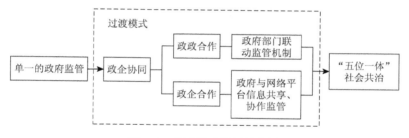

图 7-2　共治模式发展趋势图

网络食品安全进行监管，取得了一些成绩。例如，百度外卖、饿了么等互联网订餐平台与北京、上海等地食药监部门开展合作，开放数据接口，对商家信息进行更加透明的公示。其中，百度外卖已与北京食药监局合作，将入网商家信息与食品安全监督公示信息对接，向消费者明示商家的场所等级、管理等级等信息。饿了么与上海、厦门等地食药监部门进行数据对接。美团网已与北京食药监局进行数据库试点合作，由外卖平台提供无证餐饮商户身份证及银行卡号等注册信息，以便在无证餐饮查处中追查其责任，避免虚假证件的商家蒙混过关。

（2）政府监管部门与网络平台合作，打通数据平台进行共享，在入驻商家资质审核、食品安全配送等方面有效监管平台上的食品经营者。例如，成都食药监局与成都京东世纪贸易有限公司将在联合监管、质量信息互通和投诉协调方面建立长效机制，通过成立协作联络小组，依托商品质量检测机制，开展信息集中通报与交互，定期依法对外公布抽检信息，并将在人员相互培训和推动电商行业地方标准的建立方面进行尝试。通过合作，成都市食药监局将与成都京东世纪贸易有限公司建立新型政企合作监督关系，加强对电商平台的指导，提升网售食品安全水平，严惩商家可能的违法经营行为；同时，成都京东世纪贸易有限公司将积极主动配合成都食药监局规范食品经营行为，为消费者建立投诉处理绿色通道，开通 7×9 小时的投诉专线，站在客户立场全力解决消费者的合理诉求①。

例如，杭州食药监局与阿里巴巴集团签订《打假维权合作备忘录》，就加强信息共享、开展联合打假、密切消费维权等内容达成共识；同时对平台开展行政指导，落实《食品安全法》中网络交易平台对食品经营主体的审核义务，帮助平台建立线上管控关键词库，加强保健食品、化妆品等商品信息的管控，构建网络食品安全网②。为破解监管难题，此前双方还探索建立"三大机制"。一是食品药品预警机制。在淘宝网主页面设置食品药品预警专栏，强化各经营者对其经营保健食品、食品必备信息展示，否则产品不予发布、展示，淘宝网采取必要措施加强有关资质审查和产品随机抽查。二是绿色便捷协查机制。对于未达到立案标准的违法行为或违法行为尚不构成行政处罚条件的，辖区食药监部门向淘宝网发出《稽查建议函》，由淘宝网负责屏蔽有关违法信息并进行企业自身规范。对于在淘宝网发现达到立案标准的违法行为，辖区食药监部门出具单位介绍信，调取有关卖家身份注册信

---

① 成都市食品药品监督管理局. 成都市食药监局与网络交易平台合作加强网络食品安全监管. 成都市食品药品监督管理局网（2015-12-03）：http://www.cdfda.gov.cn/xwzx/sjdt/6775.html.

② 国家食品药品监督管理总局. 杭州市强化监管合力破解网络食品安全监管难题. 国家食品药品监督管理总局网（2016-09-01）：http://www.sda.gov.cn/WS01/CL0005/163984.html.

息及交易记录等信息。针对外地来函协查，由辖区食药监部门在第一时间以传真、快递等形式转淘宝网直接受理，淘宝网须按要求及时回复对方。此外，监管部门与阿里巴巴集团进驻沟通互动机制。淘宝网负责对接到的相关投诉信息整合并反馈给食药监部门。食药监部门结合监管情况定期公布预警信息、产品曝光信息[①]。

7.1.3　社会共治新模式

目前我国网络食品安全监管采用的是政府作为单一主体进行监管的模式，但与传统餐饮行业的食品安全监管不同，网络食品企业分布广而散，且许多企业没有实体经营店，政府难以对这些企业进行实地食品安全检查，再加上网络食品安全监管涉及政府、网络平台、企业等多个主体，而主体间利益不一致，仅仅依靠政府监管部门的力量，很难达到满意的监管效果，故相关食品安全治理研究学者和政府提出了政府、消费者、网络平台、媒体、行业协会的社会共治的网络食品安全监管新模式[②]（图 7-3）。

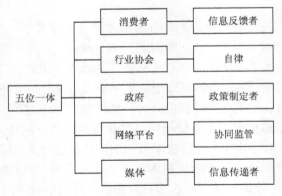

图 7-3　社会共治框架图

社会共治新模式旨在整合全社会资源，共同为网络食品安全监管出力，实现网络食品安全监管的无缝连接，主要有以下几个重点。

（1）政府作为主要的监管主体，在制度的构建、规则的设置、标准的提供等方面发挥主要作用，为日常监管工作提供指导和依据。政府制定网络食品安全监管的专门规定和实施细则，建立专门的食品安全监管队伍，同时完善网络食品安全的风险评估和预警机制、信息通报与公开机制，完善食品安全可追溯体系和问题食品召回机制等。另外，通过制度机制的建立和平台的搭建，为社会多元主体参与网络食品安全监管提供更多的方式和渠道，实现信息共享与合作。

---

① 杭州市局建立三大机制加强互联网食品药品监管工作. 同花顺财经网（2013-10-30）：http://m.10jqka.com.cn/20131030/c562069822.shtml.
② 胡一凡，李丽霞，李欣桐，等. 治理理论视角下的网络外卖食品安全监管. 山东行政学院学报，2016，（4）：75-79，112.

　　（2）平台参与监管，强化平台监管责任。在监管过程中，网络平台在提升自律意识、遵守法律法规、加强平台自身经营管理的同时，充分发挥对商家的规范与监管作用。网络平台积极参与到对外卖商家的监管过程中，制定严格的外卖商家准入资格标准，加强对商家在经营过程中资质的审查和对其经营服务行为的监督，完善对合法经营和提供优质服务的外卖商家的激励机制，健全对违法经营和服务质量低下商家的处罚机制，并履行向政府部门报告的义务以及向消费者及时告知的义务。此外，网络平台在日常运营管理过程中，通过承接政府监管部门的一些具体监管工作，对政府监管部门起到职能上的辅助和补位作用。

　　（3）网络食品企业建立行业协会，加强商家自律。网络食品企业联合起来，成立自己的行业协会，通过制定严格的行业规范来对行业内部秩序和商家的经营行为进行指导与约束，通过日常监管工作来对外卖商家的经营环境、经营资质和经营过程进行检查与监督，通过举办各类活动来培育行业凝聚力、增强外卖商家的自律意识，同时充分发挥政府与商家之间的桥梁作用，鼓励商家参与到网络食品安全监管过程中，提出更多有益的思路和可行的建议。

　　（4）消费者作为网络食品风险的承担者主动参与监督。消费者主要发挥两个方面的作用。首先，消费者对产生食品安全问题的企业进行抵制，降低问题企业的收益，迫使问题企业退出市场；另外，消费者将遇到的网络食品安全问题及时反映给政府相关部门及网络平台，帮助其提高监管效率。

　　（5）媒体作为信息传播媒介参与监督。首先，媒体在政府与消费者之间充当信息传播的媒介，帮助政府向消费者传播网络食品安全常识，提高消费者防范食品风险的意识，同时帮助消费者向政府反馈遇到的食品安全问题；此外，媒体及时向社会大众报道网络食品安全现状及发生的食品安全问题。

　　为进一步规范网络订餐服务行为，督促网络订餐第三方平台和从事网络订餐服务的入网餐饮服务单位落实主体责任，保障广大公众饮食安全和身体健康，不同地区对此做了不同的努力。例如，2016 年河北省食药监局采取多项措施对网络订餐食品安全严加监管，提出要营造社会共治氛围，加大对网络订餐食品安全监管工作的宣传和引导，积极宣传网络食品安全防控工作的重要性，引导网络订餐服务经营者增强食品风险意识和诚信自律意识，切实规范食品经营行为。引导消费者科学、理性消费，畅通投诉举报渠道，督促网络订餐食品经营者在网站醒目位置公布投诉举报电话、邮箱等投诉方式，有效保障消费者权益。同时，加强与媒体沟通，引导社会各界积极参与网络订餐的社会监督，形成网络订餐食品安全共治共管的良好氛围[①]。

7.2　网络食品安全监管模式的不足

7.2.1　"以网管网"监管模式的不足

　　"以网管网"监管新模式的出现弥补了传统线下监管模式对网络食品的监管漏洞，主

---

　　① 国家食品药品监督管理总局. 河北省多举措加强网络订餐食品监管工作. 国家食品药品监督管理总局网（2017-02-24）：http://www.sda.gov.cn/WS01/CL0005/170107.html.

要显示出以下几方面的优势：①更加透明的信息公开制度改变了消费者在网上选择食品店时信息不对称的弱势地位，引导消费者选择食品安全系数更高的网络食品店，并通过市场选择来促进网络食品店的优胜劣汰；②大数据信息共享网将企业入驻信息、许可信息、社会评价信息及投诉信息在网络食品企业、网络平台及政府之间共享，改变了政府及网络平台信息不对称的弱势地位，有利于帮助政府及网络平台对网络食品企业进行资格审查，实时掌控被监管企业最真实的食品安全现状；③"明窗亮厨"工程的提出和实施将网络食品的生产过程完全暴露在公众视野之下，不仅加强了网络食品企业的自律性，同时也提高了社会公众对网络食品监督的参与度；④统一公开的网络维权平台不仅能及时处理消费者诉讼，还能及时将消费者反馈的食品安全信息反映至政府处，高效率地保证了食品安全监管的及时性与针对性。

"以网管网"模式作为顺时势而生的网络食品安全监管新模式，其优势是显而易见的，但由于该模式提出的时间还很短，再加上网络食品安全监管本身的复杂性，该模式还存在一定缺陷。如"明窗亮厨"工程的普及难度大。多省市在相关网络食品安全管理文件中提到"明窗亮厨"工程时，均是鼓励网络食品企业加入这一工程，而没有对此做强制性要求，这就降低了网络食品企业进行"明窗亮厨"的欲望；另外，对网络食品企业食品原料的采购、仓储及加工过程进行直播，有可能将企业具有竞争力的核心技术暴露给竞争对手，如独特的食物配方或仓储条件，故部分企业对政府的"明窗亮厨"建议持保留态度；此外，"以网管网"模式还有一个重要的监管环节是网络平台，而网络平台是以盈利为目的的，在利益上与政府是不一致的，这就可能导致网络平台包庇某些不符合要求的商家，从而加大了监管难度，降低了"以网管网"监管模式的有效性。

7.2.2 "政企共治"监管模式的不足

作为当前阶段重点推进的网络食品安全监管模式之一，政企协同共治模式的出现具有必然性。政企合作的展开有利于提高相关部门处理网络食品安全事件的专业性和效率；网络平台与网络食品企业直接接触，能获得更详细的信息，政企合作的展开将网络平台纳入监管主体范围内，与政府进行信息共享，有利于政府及时、准确地了解企业的食品质量情况。

但政企协同共治模式的缺陷也是很明显的，相比于前面所提到的"五位一体"社会共治模式，政企协作模式没有将消费者和行业协会纳入模式之中，整合社会资源的力度还不够大，对于整个网络食品供应链的监管存在漏洞。

7.2.3 "社会共治"监管模式的不足

"五位一体"网络食品安全社会共治模式是未来监管模式必然的发展趋势，其优势主要体现在：①网络平台比政府监管部门更容易获得有关商家经营服务状况的信息，同时在一些具体事项的监管方面也具备更多的优势；②社会公众作为网络的消费主体，是直接面临网络外卖食品风险的群体，是网络食品安全监管最前线、最"无私"的监管者，社会公众和商家有最广泛和最直接的接触,能够获知政府监管部门所难以获得的信息,同时也不会因为利益而采取包庇等行为。总的来说,该模式最大限度地整合了社会资源,能真正做到对整个网络食品行业的全覆盖性监管。

但同时,社会共治新模式的实施还存在一定难度。首先,在消费者方面,目前我国社会公众的参与意识和维权监督能力较弱,在网络食品安全监管方面所发挥的作用仍然比较有限。受到消费观念与消费习惯的影响,当前我国社会公众对食品安全的关注度和重视程度不够,在网上订购外卖时,人们考虑更多的是外卖的美味程度、价格和配送速度,而很少考虑食品安全质量问题。此外,社会公众对食品安全相关法律法规的了解普遍较少,在遇到食品安全问题时,消费者个体进行举证十分困难,而通过政府监管部门或消费者协会来监督维权的成本过高,因此很多消费者在订购网络食品时,即使遇到了食品安全问题,也不会向政府举报。

另外,网络食品行业协会的成立也存在困难。网络食品企业不同于传统餐饮行业,由于这类企业均通过网络平台进行销售,地理位置分布可能极为分散,且许多企业没有实体店,这种特殊性使得网络食品企业很难自发地形成行业协会。

此外,媒体参与监管存在扰乱市场的风险,可能降低网络食品安全监管效率。为了引起社会舆论、博人眼球,部分媒体对网络食品安全事件进行夸大或虚假报道,散播谣言,误导消费者,这类报道不仅对企业声誉造成影响,同时在一定程度上妨碍了社会公众对网络食品安全监管措施的执行。

7.3 网络食品安全监管模式的新方向

监管新模式的出现解决了一系列网络食品安全问题,但随着互联网的发展,新的网络食品安全监管漏洞不断出现,网络监管新模式的不足也逐渐显现出来。为更好地完善监管模式,提高监管效率,还需进一步解决一些问题。

7.3.1 发挥消费者的监管作用

社会公众作为网络的消费主体,是直接面临网络外卖食品风险的群体,是网络食品安全监管最前线、最"无私"的监管者,社会公众和商家有最广泛和最直接的接触,能够获知政府监管部门所难以获得的信息,同时也不会因为利益而采取包庇等行为。

发挥消费者的监管作用主要从两方面进行。一是要提升消费者的监管意识。消费者是网络食品安全问题最直接的受害者,与网络食品商家直接接触,能够获得最真实最直接的信息,若消费者能向监管者及时反映遇到的网络食品安全问题并投诉有问题的网络食品商家,将极大地提高政府相关部门及网络平台等对网络食品商家的监管效率。二是提高消费者对有问题商家的抵制意识。部分消费者在网购时注重的是商品的价格和味道,很少关注与网络食品安全相关的信息,这就使得某些问题商家依旧有利可得。提高消费者对问题商家的抵制意识就要求消费者多关注与网络食品安全相关的信息,杜绝在问题商家的购买行为,从而使得问题商家陷入经营困境。

7.3.2　发挥媒体的舆论作用

媒体作为网络食品安全监管几大主体之间的中介,在网络食品安全监管中发挥的重要作用是毋庸置疑的。但就像 7.2.3 小节所说,媒体参与监管还存在夸大事实、报道虚假新闻的问题,故通过发挥媒体的舆论作用提高监管效率主要从两个方面出发。

(1) 充分发挥媒体的中介作用。如实向公众报道食品安全事件,避免夸大报道而引起公众的恐慌;与学术界通力合作,以严谨的科学态度和知识作为报道的依据。同时,与政府和企业保持紧密联系,充分利用互联网技术为消费者在食品安全监管中的角色转变提供路径与手段,让所有消费者均成为食品安全信息终端。

(2) 规范媒体的报道内容。一般来说,媒体报道新闻为了要吸引公众眼球、加大报道影响力,故有时会存在夸大报道、虚假报道的情况,而如今国家对这方面的行为并没有很严格的法律约束,从而导致夸大报道、虚假报道的行为屡禁不止,故对媒体报道内容的约束应成为以后监管手段的重点之一。

7.3.3　促进企业自律

网络食品商户是食品安全问题的源头,促进商户自律从源头上解决了网络食品安全问题,这是解决网络食品安全问题最有效的方法。促进企业自律需从两方面进行。一是以最严格的法律约束商户行为,现有法律的出台一般是在问题出现后针对具体问题提出的,故之后的法律出台应注重预见性,在问题产生负面影响时及时制止。二是政府应采取相应的激励制度提高企业的自律性。如之前“以网管网”模式中出现的“明窗亮厨”工程,由于可能会暴露企业商业机密等问题而使得该政策实施效率不高,普及范围不大,故政府在制定这类政策时应将企业利益也考虑在内,加大激励力度。

7.3.4　加大对监管人员的培训力度

网络食品以线上销售的方式进行,针对这类销售方式,线上监管的形式必不可少,这就要求监管者在熟悉线下监管流程及工具的前提下,能够熟练使用线上互联网监管的各种工具,如大数据网、微信微博平台及 APP 等。

对监管人员的培训可从两方面出发。一是巩固提升监管人员线下监管的能力。由于现有的线下监管机制较为完善,在这方面,监管人员需提高解决网络食品安全事件的效率,以及提升对不同网络食品安全问题处理方式的熟悉程度。二是培训监管人员掌握第三方网络交易监管平台操作的技能,培养精通监管职能、法律法规和电子商务的复合型人才。这就要求政府不仅要加强对监管人员监管技能的培训,还要注重对互联网操作技能的培训。此外,为使培训达到更好的效果,还可邀请网监专家围绕现代信息技术、法律法规、网络交易监管执法经验技巧等开展交流、学习和讨论。

7.3.5　加大对"互联网＋"技术的开发及利用力度

实施"互联网＋"，通过信息化平台的开发与应用，实现对海量食品安全信息的收集与共享，建立起全流程监管的食品安全保障体系，改变原来人盯企业的监管模式，从而真正实现食品安全管控的精细化、全程化、常态化。

建立"互联网＋基层监管网格"，将监管、协管人员实施网格化责任区域划分，定岗定位细化到各社区、各村、各街道。在严格落实定期巡查和属地监管责任的基础上，将网格化监管与互联网技术相结合，实现"互联网＋电子监管"。通过远程授权开通网格管理系统模块，通过平台系统对网格的工作人员下达食品安全工作任务，监管人员利用手机、平板电脑、计算机等将监管巡查过程形成"数据采集→录入→上报→分流→问题处理→反馈→归档"信息化处理系统，形成食品的"电子标签"，确保食品质量源头可溯、流向可追、问题可控，既方便商家建立台账，又便于市场监管部门监管。

依托无线网络、GPS定位、移动终端等互联网技术，建立"互联网＋移动监管平台"，实现精准定位和移动执法。基层执法人员可通过关键字搜索，准确查询主体信息，并在电子地图上定位，有效防范无证照主体进入市场，对企业违法行为和巡查中发现的疑难问题现场取证，实时上传到网格管理系统和局域监管平台，管理人员通过手机等移动终端实时查看监管情况，还可以追溯过去多日的监控视频，及时安排专业人员指导协助解决问题，实现从传统监管向快捷、精准、高效的信息化监管转变[1]。

① 赵燕. 依托"互联网＋"构建食品安全监管新模式. 经济研究导刊, 2016, (2): 114-116.

第8章 跨境电商食品安全政策进展

世界经济一体化进程在食品工业方面表现得尤为明显，全球食品工业不断向多领域、全方位、深层次发展，比以往任何历史时期都更加深刻地影响着世界各国。我国食品工业与全球食品工业也从未像现在这样高度关联。加上物联网技术的发展使得"万物互联"成为现实，手机移动支付的兴起和物流速度的加快极大地刺激了在社会零售中占据重要地位的"吃喝"品类向"网购"转移。进口食品正在成为各大电商竞相争夺的热门品类。近几年来，中国进口食品平均每年的增长速度在 15%左右[①]。确保跨境电商进口食品的质量安全，建立完善的针对跨境电商的政策框架与法律法规，成为政府亟须解决的问题。

8.1 跨境电商食品安全政策现状

跨境电商食品销售由于跨境食品本身和交易形式的特殊性与普通食品线下销售有着非常大的差异。所以出台适用于跨境电子商务的政策法规迫在眉睫。本节将着重介绍跨境食品电商的概念以及目前针对跨境电商的政策。

8.1.1 跨境食品电商的概念与特征

1. 跨境食品电商的概念

我国大规模的进口食品起步于 20 世纪 90 年代初。自 20 世纪 90 年代，我国食品进口贸易的发展呈现出总量持续扩大，结构逐步优化，市场结构保持相对稳定的基本特征。随着全球化的深入，跨境电商，尤其是跨境零售电商开始成为进口食品的重要提供商之一。

跨境电商是跨境电子商务的简称，是指分属不同关境的交易主体，通过电子商务平台达成商品或信息交易、进行支付结算，并通过跨境物流送达商品，完成交易的一种国际商业活动[②]。

跨境食品电商是指将进口食品纳入经营范围的跨境电商。其中，进口食品是指非本国品牌的食品。通俗地讲就是其他国家和地区食品，包含在其他国家和地区生产并在其国内分包装的食品。本章主要研究的就是这类电商。

2. 跨境食品电商的特征

跨境食品电商是依托互联网发展起来的，也是互联网与贸易结合的新产物，其特征主

---

① 2014—2018 年中国进口食品行业分析及市场预测报告. 中商情报网（2014-08-08）：http://www.askci.com/reports/2014/08/08/112025q90s.shtml.
② 张红英. 中国 B2C 跨境电子商务的发展问题研究——以兰亭集势和全球速卖通为例. 济南：山东大学，2014.

要如下。

1）全球性

受益于互联网技术的发展，电子商务使得贸易不再受到地理空间的限制。企业可以运用互联网的无边界及开放性将本国的商品和服务推向全球，展开全方位、多层次、宽领域的跨境贸易。同时，通过网络媒介，消费者再也不必受国界的限制而对自己喜欢的食品望尘莫及或花费高昂成本远赴海外购买，买家只要上网就可以轻松选购自己所需的产品。互联网将世界各国的买卖双方紧密联系在一起，让交易信息共享最大化。

2）多边性

传统的食品贸易模式主要涉及两个国家之间的双边贸易，而跨境电子商务使交易过程中的信息流、物流、资金流等由传统的双边模式逐渐向多边模式演进，以新型的网状结构替代传统双边贸易的线状结构。跨境电商可以通过甲国的交易平台、乙国的物流运输平台以及丙国的支付平台，实现国家之间的直接贸易。

3）无形性、无纸化

传统贸易从订购合同到买卖票据，通通是依靠书面完成，是有形的商品买卖交易。而食品电子商务贸易的飞速发展大大促进了数字化产品和服务的进程。进行跨境电商的交易双方采取无纸化的方式进行贸易，取代了之前的一系列烦琐的纸面交易文件。买卖双方通过电子邮件和电子商务平台发送或接收买卖信息，不仅节约了资源而且使信息传递和货物买卖的效率大大提高。同时，跨境电商突破了以往的实物交易的传统模式，网络数据、音像视频等数字化商品和服务也进一步丰富了商品交易的种类。

4）隐蔽性

在网络的世界里，消费者可以根据需要隐蔽自己的真实身份和相关信息，网络全球化的发展让电子商务用户享有前所未有的交易自由，但要想识别用户身份和所在地理位置也变得难上加难。用户享有的自由远远大于所需承担的责任，更有甚者利用网络的信息不对称性逃避责任。事实上，即使在美国这种电子跨境贸易相对成熟的发达国家，利用网络逃避责任的问题也很突出，尤其是在纳税环节。在跨境电子商务交易中，交易人的身份及地理位置等信息难以获取。相应地，税务机关就无法对纳税人的交易情况和应纳税额进行核实，给相关监管和税务部门的审计和核实环节造成很大的麻烦。同时食品的来源与质量安全的确认也变得难上加难。

5）时效性

传统交易模式下，信息的发送、接收与交流方式均受到地理位置和通信技术的限制，二者间存在着一定的时间差。而对于跨国贸易来说，及时性至关重要，稍微错过时机货币汇率就会发生变化，给交易带来巨大的损失。如今这种时间差带来的滞后性被电子商务完美地解决了。它打破时空和距离的束缚，将信息迅速从一方传递到另一方，几乎在一方发送完成之后另一方在同时就能收到信息，而某些数字化产品的交易更是可以即时完成。加之跨境电商去除了两国批发商、代理商以及零售商的中介环节，实现了直接由一国生产商通过跨境电商平台到达另一国消费者的直接交易，减少了烦琐的贸易手续，更具时效性和便利性。

8.1.2　现有跨境电商食品安全政策进展

我国跨境电商食品安全政策的出台与完善经过了一个漫长的过程。2015 年，号称"史上最严"的《食品安全法》的颁布，首次将网络食品作为单独项目列入法律条文中。其后，国家质量监督检验检疫总局于 2015 年公布了《网购保税模式跨境电子商务进口食品安全监督管理细则》（以下简称《细则》）。《细则》是为规范网购保税模式跨境电子商务进口食品安全监督管理工作，保障进口食品安全，根据《食品安全法》及其实施条例、《中华人民共和国进出境动植物检疫法》及其实施条例、《中华人民共和国进出口商品检验法》及其实施条例等法律法规和《国务院关于大力发展电子商务加快培育经济新动力的意见》（国发〔2015〕24 号）、《国务院办公厅关于促进跨境电子商务健康快速发展的指导意见》（国办发〔2015〕46 号）、《质检总局关于进一步发挥检验检疫职能作用促进跨境电子商务发展的意见》（国质检通〔2015〕202 号）等规范性文件要求制定的。《细则》的出台标志着跨境电商食品交易安全问题有了统一的评判依据与解决标准。

《细则》在一定程度上规范了面对我国电商进口食品安全问题"无法可依、无例可循"的混乱现状。首先，《细则》解决了进口食品中文标签的问题。例如，各地司法判例对中文标签存在两种截然不同的观点。一种观点认为，跨境食品电商不属于进口食品。典型案例如：2015 年 5 月，熊某在某跨境电商公司的实体店处购买了 9 罐荷兰某品牌的奶粉，后发现所有产品包装均无中文标签说明。熊某以违反了我国《食品安全法》预包装食品没有中文标签不得进口的规定，要求电商退回购买奶粉货款 1887 元，并十倍赔偿 18870 元。法院判熊某败诉。而早前在苏州曾有一起跨境电商的案例，法院则直接支持了产品无中文标识十倍赔偿。针对该问题，《细则》创设性地引入电子标签来满足新法对中文标签规定。《细则》提到，除食用、保存有特殊要求或含有过敏原的食品需随附纸质中文标签和中文说明书，经营企业可采用电子标签或者纸质标签，两种方式应当供消费者在填写订单时选择。当然，考虑到婴幼儿配方乳粉特殊性，网购保税进口此类产品做了特殊化处理，必须随附中文标签，且中文标签须在入境前直接印制在最小销售包装上，不得在境内加贴。欧盟食品电商是电子标签和纸质标签都要有，有选择性地进行二选一，较为符合中国电商的实际情况。

其次，《细则》适用于网购保税模式跨境电子商务进口（以下简称"网购保税进口"）食品经营和安全监督管理。《细则》第二条第二款对网购保税进口做了定义：网购保税进口是指无论进境时是否生成消费者订单，货物以跨境电子商务形式申报进口，入境时未按消费者订单形成独立包装，货物整批运至特殊监管区集中存放，跨境电商经营者按消费者订单形成独立包装后发往国内消费者的跨境电子商务进口模式。这个定义传递的一个关键信息就是：通过网购保税电子商务进境的食品按进口对待，进一步说，网购保税跨境电商食品属于进口食品。所以困扰了食品行业很久的跨境食品电商定性问题，至少得到部分解答。也就说，网购保税电子商务进境的食品，比照新《食品安全法》的进口食品定性监管。

　　同时，《食品安全法》对进口食品的监管机制可以总结为"无标三新"四类食品（这里用的是食品是大概念，包括食品、食品添加剂和食品相关产品）特别监管。进口"无标"产品是指尚无食品安全国家标准的食品；进口"三新"产品是指利用新的食品原料生产的食品（如芦荟）、食品添加剂新品种以及食品相关产品新品种。早前，无论是集货还是保税模式的跨境电商与传统一般贸易相比，都规避了现行法律法规赋予的食药监部门、卫计委、检验检疫等监管部门对于进口食品的各项前置审查审批，检验检疫和监管要求。所以《细则》的施行，也昭示着网购保税进口食品进入政府治理的升级阶段。《细则》对《食品安全法》涉及"无标三新"四类食品的治理做了品类限缩，但食品添加剂新品种及食品相关产品新品种都没有在《细则》中出现。虽然"无标三新"只留下了两类，《细则》又加上了保健食品及转基因食品，所以加起来还是四类。总结起来，《细则》将规定保健食品及转基因食品加上"无标三新"前两类，共四类产品需要"通过相关部门的注册、备案和安全性评估"。

8.2　跨境电商食品安全治理的不足

　　跨境电商作为新兴食品买卖形式，还存在着一些问题。本节将从法律体系不够完善、进口食品风险分析有待完善、全程监管有待提高、安全监管信息流通不畅、违法行为具有隐蔽性等方面进行分析。

8.2.1　法律体系不够完善

　　法律体系不够完善、条块分割严重、部门立法之间关联性较差，是我国目前法律法规体系建设中存在的主要问题。从法律法规内容上看，电商进口食品安全相关法律法规的条款过于框架化，其内容不够详细，缺乏应有的手段要求，直接在客观上导致了监管执法的依据不足、管理对象混乱的结果，部分出台的法律法规已经无法适应于目前进口食品安全需求，其存在许多监管盲点。随着世界各国社会以及经济的飞速发展，其工业化水平也在不断提升，我国目前的电商进口食品网络销售监管法律法规内容已经无法满足于经济形势的发展需求，我国的电商进口食品安全标准存在着管理混乱、标准种类繁多、标准之间相互矛盾冲突等远落后于发达国家的水平。虽然与过去相比较，针对食品安全问题已经出台了相关的法律法规，配套许多相关的政策措施，但无论是在理论上还是监管上还是存在着一些不足。而电商进口食品安全虽然在相关法律法规中有规定，但大多比较概括，没有进行详细的规定。因此当面对这些进口食品安全问题时有时会猝不及防，找不到具体的法律法规以及相应的解决方案，只是简单的惩罚，这也是目前进口食品网络销售安全监管在法律层面上的缺失。这样一来人们的食品安全问题不能从源头上得到解决，给人们的身体健康造成极大潜在危险。从目前情况来看，我国的进口食品安全相关法律法规有待整合与修订，需要建立一套成熟完整的由"农场到饭桌"的法律法规体系，还有很长很艰难的路要走。

8.2.2　进口食品风险分析有待完善

进口食品风险分析系统是目前国际上一种全新的监管模式,我国在进口食品风险分析这一块起步较晚,在监管上很多时候都是在进口食品安全事故发生以后采取补救措施。在技术方面,由于现有检验检测技术、仪器设备不先进,许多潜在的食品安全隐患无法检测出来;在法律法规方面,对食品风险分析这一块规定较少或者不具体,这导致我国进口食品风险分析不能得到全面的应用。食品风险评估是世界贸易组织以及国际食品法典委员会对于食品安全法律法规以及标准所制定的不可或缺的措施,它是对食品安全进行评估的一种行之有效的技术方法。然而我国现行的进口食品安全监管工作并没有采取危险性评估技术,尤其是没有对生物性危害以及化学性危害进行定量风险评估以及暴露风险评估。虽然我国先后颁布了相关法律法规,如《中华人民共和国动物及动物源性食品中残留物质监控计划》等已有十余年,但是风险评估检测体系主要是对数量较大的动植物进行检验检疫,在数据的采集情况、收集情况、分析情况、共享情况等许多方面依然显示出许多不足之处,均暴露了我国目前评估技术手段以及监管工作人员专业技术与西方发达国家还存在较大差距的事实。

8.2.3　全程监管有待提高

对电商进口食品从生产到最终流入我国市场的监管是有别于我国国内食品安全监管的,这主要是由于进口食品的生产、加工、包装等许多环节都是在国外进行的,有许多的监管盲区。虽然《进出口食品安全管理办法》对出口食品原料种植、养殖场实施了备案管理,但是在具体实施细节上的规定不是很详细,主要表现在以下两个方面。

(1)食品标签监管有待提高。进口食品的中文标签需要符合我国《食品标签通用标准》的有关规定,其对进口食品中文标签有以下几点明确规定:中文标签必须包含食品名称、配料表、净含量、产地以及原产地、保质期、生产日期、国内经销商等内容,消费者能够通过标签内容进行了解与选择产品。确保食品安全以及卫生的重要手段就是进口食品是否有一个规范的中文标签。然而由于监管不力、不到位,目前我国的进口食品中文标签存在众多问题,如食品名称不准确、标准内容缺失、真实产品与内容不符、隐瞒配方等问题。在我国汕头口岸,2005 年 12 月查获了一批早产(即生产日期还没到)的饮料;宁波在 2006 年 3 月查获了一批来自"未来"的阿根廷糖果,这批"未来"糖果的生产日期为 2007 年 5 月;凭祥市于 2006 年 8 月对其市内越南进口食品进行了检查,发现其中竟有高达百分之九十的食品中文标签不合格。

(2)对进口电商监管有待提高。有许多进口食品在进行销售时,不经有关部门审核批准私下对其产品进行宣传,产生了欺骗、误导消费者的不良影响,违反了其在海关申报时对不做任何夸大以及虚假宣传的保证。部分供应商法律意识淡薄是影响进口食品安全的直接原因。我国现行的进口食品安全管理体制中相关的法律法规还不够健全,部分地方政府出现地方保护主义等客观因素,导致违反了我国进口食品安全法律法规的食品经营者并没有得到严厉的制裁,有的甚至受到地方政府的保护,依旧逍遥法外。这一局面直接造成了违规收益与违规成本不成比例的现象,高利润的造假使得一些经营商、生产商以及流通商不惜铤而走险,轻者以次充好、偷工减料。重者直接使用各种有毒物质进行造假,将人民生命财产安全于不顾。此外,这些通过合法登记的进口食品经营商利用信息不对等的优势,将一些保健食品、绿色食品的功效利用广告夸大宣传,从而对消费者进行欺骗。

8.2.4 安全监管信息流通不畅

食品安全监管工作之所以困难重重,在很大程度上是由食品安全信息的不对称以及不完全性造成的。食品安全监管不仅是食品监管部门和政府的工作,人民群众也应当积极加以配合。这就需要在政府和公众之间进行有效的食品安全信息交流。很多时候,食品生产者为了追求最大的经济利益,对其所掌握的信息进行隐瞒甚至否认,导致监管部门以及食品消费者很难准确无误地把握相关食品信息,致使监管部门很难做到事先预警以及控制,只能被动地等到进口食品安全事故被曝光以后才采取相应的补救措施。在进口食品安全信息知情权方面,我国消费者始终处在被动的位置,对进口食品难以做出准确的判断。目前我国消费者获取进口食品安全信息的主要渠道是各类媒体,新闻媒体作为一种重要的社会力量,已经成为政府食品安全事故应急管理组织的主要合作者。一旦媒体对其食品安全问题的报道不得当,极易引发消费者集体恐慌,食品监管部门和政府的社会公信力受到极大的挑战。我国的食品监管信息来源主要有以下几个方面。

(1)检验检疫机构。由于目前我国还没有建立起覆盖全国的进口食品安全信息监管网络,许多的进出口岸检验检疫机构的检验检疫信息不能实现共享。虽然在《出入境检验检疫风险预警及快速反应管理规定》的第十四条、第十五条都有比较概括的规定,但是对其规定的信息都不是很清晰。在《进出口食品化妆品风险预警及快速反应实施细则》中也规定了对进出口的食品要加强其风险预警信息的收集和共享,对随时可能发生的食品安全事故采取快速的反应措施,避免重大食品安全事故发生。然而在具体的实施过程中往往出现信息不对称、信息不能共享的情况。检验检疫部门只能对自己所在辖区的食品安全进行信息共享,范围一旦扩大就不能实现信息共享。

(2)进口电商或进口电商代理商、出口商或出口代理商之间的信息交流不对称。进口电商或进口电商代理商有责任也有义务对自己进口的食品负责。目前我国的进口商还不能做到将自己所掌握的进口食品信息毫无保留地传达给消费者,不能确保消费者《消费者权益保护法》中所规定的权利,其中就包括了保护消费者的一些切身利益的权利,如保护消费者的知情权、公平交易权等。

(3)社会信息。这里的社会信息包括媒体、消费者的信息收集。很多时候媒体的呼声代表了广大消费者的呼声,但是政府部门对消费者的呼声往往是事后处置,许多信息不能收集,或者收集到的信息不全面都会阻碍进口食品的安全监管。中国加入世界贸易组织后,国家之间、政府之间的信息交流加强。但是很多时候外国消费者传达出的食品安全信息,在国家之间没有形成良好的沟通,有时造成进口食品安全监管的信息不能和国际市场接轨,同时我国的进口食品安全数据库的缺失使得信息无法与国际社会接轨,国家之间的共同治理趋势没能形成体系。

8.2.5　违法行为具有隐蔽性

　　一般来说，从事网络进口食品经营活动的经营者没有传统意义上的实体店铺。网络进口食品经营者在销售活动开始之前，一般不向工商机关申请登记；在销售食品活动中，不向消费者出具销售发票。其经营行为较为隐蔽，消费者如果发现食品有质量问题，很难得到赔偿。有些网络食品经营者销售进口食品，但食品外包装上没有中文标志，外包装上的宣传图片与实物多有不符，而且在食品进货渠道、食品储藏、食品运输方面容易存在问题，会对消费者的身体健康构成威胁。

　　从监管角度看，收集网络进口食品经营活动的线索较难。经营者除了利用一些综合性的网络平台进行交易之外，也会经常在互联网的相关论坛上发帖宣传及联系食品销售业务，相关数据及网络交易信息更新速度很快，并且很容易被修改甚至删除。这就给执法人员的调查取证工作造成很多困难。

8.3　跨境电商食品安全治理新方向

8.3.1　实施进口食品的源头监管

　　进口食品往往具有在境外加工、生产的特征，一国的监管者很难在本国境内全程监管这些食品的加工与生产过程。虽然我国已经颁布实施《进口食品境外生产企业注册管理规定》等，并逐步对进口食品的企业进行资格认证，努力从进口源头上杜绝不合格产品，但成效尚不明显。应该借鉴欧美等发达国家的经验，进一步加强对食品输出国的食品风险分析和注册管理，尤其是重要的进口食品，问题较多的进口食品，明确要求食品出口商向所在国家取得类似于 HACCP（hazard analysis critical control point，危害分析及关键控制点）的安全认证，同时要加强与食品出口国的合作，必要时可以对外派出食品安全官，到出口地展开实地调查和抽查，督查食品生产企业按我国食品安全国家标准进行生产[①]。

8.3.2　强化进口食品的口岸监管

　　进口食品的口岸监督监管是指利用口岸在进出口食品贸易中的特殊地位，对来自境外的进口食品进行入市前管理，对不符合要求的食品实施拦截的监管方式。强化进口食品的口岸监管，核心的问题是根据各个口岸进口不合格食品的类别、来源地，实施有针对性的监管。目前，我国对不同种类的进口食品的监管采用统一的标准和方法，不同种类的进口食品均处于同一尺度的口岸监管之下，这可能并不完全符合现实要求。以酒和米面速冻制品（如速冻水饺、小笼包等）为例，从 HACCP 的角度而言，前者质量的关键控制点仅包

---

① 吴林海，等. 中国食品安全发展报告 2014. 北京：北京大学出版社，2014：135.

括原料、加工时间和温度三个点，即只要控制好原料的质量、加工时间和温度这三个关键控制点，就能控制酒类的卫生质量。除此之外，酒类在成型后稳定性好，食品的保质期长（几年甚至高达十年以上）。而后者的质量关键控制点有面、馅的原料来源，面的发酵时间和温度，成品蒸煮的时间和温度，手工加工步骤中人员卫生因素等十几个关键控制点，控制点越多，食品质量的风险系数就越大，而且这类食品的保存要求高、保质期短、稳定性差。显然，相比酒类，米面速冻制品存在质量缺陷的可能性更大，食品风险更高。因此，要对不同的进口食品进行分类，针对不同食品的风险特征展开不同种类的重点检测[1]。

8.3.3 实施口岸检验与后续监管的无缝对接

在 2000 年我国政府机构管理体制的改革中，口岸由国家质检系统管理，市场流通领域由工商系统管理，进口食品经过口岸检验进入国内市场，相应的检测部门就由质检系统转向工商系统，前后涉及两个政府监管系统。相比于发达国家实行的"全过程管理"，我国的进口食品的分段式管理容易造成进口食品监管的前后脱节。2013 年 3 月，我国对食品安全监管体制实施了新的改革，食品市场流通领域由食品药品监管系统负责，但口岸监管仍然属于质检系统，并没有发生改变，进口食品安全监管依然是分段式管理的格局。口岸对进口食品监管属于抽查性质，在整个进口食品的监管中具有"指示灯"的作用。然而，进口食品的质量是动态的，进入流通、消费等后续环节后仍然可能产生安全风险。因此，对进口食品流通、消费环节的后续监管是对口岸检验工作的有力补充，实施口岸检验和流通监管的无缝对接就显得十分必要[2]。

8.3.4 把关经营者准入资质

对网络经营者实施营业执照电子副本制度，建立健全网络食品电子流通许可制度，建立网络食品身份标识与食品安全经营诚信信用档案，设立网络食品交易风险保证金制度，把好准入源头关。应明确网络食品经营主体市场准入的门槛，要求网络食品经营者均应先办理证照，再上网经营，从准入环节引导经营者自律。同时，针对网络经营的开放性、特殊性，在登记信息中增加网站网址、网站服务器地址等重要监管信息。建立《网络食品经营者监管台账》和《网络食品经营者备案台账》，对提供网络交易平台的网站进行调查摸底，详细登记网店经营者的住址、联系电话、经营食品等信息。积极推进工商电子标识或主体信息公示制度，实现网络交易真实身份的确认。

8.3.5 确保进口食品质量安全

加强流通环节网络交易食品的定检与抽检。以网络食品经营者所在地食品监管部门为

① 吴林海，等. 中国食品安全发展报告 2014. 北京：北京大学出版社，2014：135.
② 吴林海，等. 中国食品安全发展报告 2014. 北京：北京大学出版社，2014：136.

基础，按照实体食品经营监督检查的方式，开展网络食品的定检与抽检。可以考虑联合网络平台、公证部门开展网络食品市场的定检与抽检工作，构建网络市场"不合格食品一票退市"制度、食品安全信息公示制度等。一是加强行政指导，引导网络食品经营者办理营业执照，利用掌握的经营范围和地址，开展日常巡查，在监管方式上变被动为主动。二是利用网络技术手段引导经营者建立网络食品进销台账、索证索票制度，规范商品信息发布内容，明示商品的生产厂家、地址、电话、保质期、许可证号等必要信息。三是参照对传统门店食品销售中违法违规行为的处罚，建立健全网售食品的处罚制度，严肃查处网上销售"三无"预包装食品、没有中文标签的进口食品、过期食品以及虚假宣传、制假售假等违法违规行为，并在网上进行公布，促使经营者自律。

第三篇　网络食品安全与公共治理

第9章 中国网络食品安全多元共治体系

网络食品交易方式的出现既给消费者提供了便利,也给社会增加了食品安全治理的难度。与传统食品的多元共治模式相比,网络食品的多元共治模式新增了"平台"的概念。网络食品的"网络平台"属性使得网络食品交易具有天然的虚拟性、隐蔽性、跨地域性等特点,这都给网络食品安全治理带来了极大的困难与挑战,亟须多主体联合共治改变政府一元治理现状。网络食品安全多元主体共治模式是"互联网 +"时代下网络食品安全治理的必然选择。以下将从多元共治的基本理念、运行机制两个方面出发,对中国网络食品安全多元共治体系进行阐述。

9.1 多元共治的基本理念

"多元共治"的社会治理模式中,共治是核心,协同是关键。只有消费者、政府、网络食品企业、平台、媒体多方主体共同发力,协同共治,才能更有效地实现网络食品安全的治理。

9.1.1 治理与共治

"治理"一词最早出现在 14 世纪末,英格兰国王亨利四世使用过这个概念,用以表明上帝授予国王对国家的统治之权。17 世纪,欧洲的学者明确了"治理学"的概念,即对政府结构进行优化,更好地在社会管理方面发挥作用的科学。这一阶段,主要是从政府角度出发,讨论社会管理问题。全球治理委员会认为治理是各种公共的、私人的个人和机构管理其共同事务的诸多方式的总和。它是使相互冲突的或各不相同的利益得以调和并且采取联合行动的持续的过程。韦勒提出治理的参与主体是多样的,除了政府,可以有多种主体参与公共事务管理,这些主体在一个持续变化、交流的过程中,不断调整自身方向,达到共存的状态。所以,治理需要考虑如何变革现有政府主导政策框架,构建多元化、多角色互动与合作的政策过程。

多元共治是利益协调和保障的机制。利益是一切人类活动的核心。在网络食品安全领域,利益是联系整个网络食品产业链条的纽带,也是产生各类网络食品安全问题和矛盾的源头。在网络食品安全领域中,既有代表社会公共利益的政府部门,也有维护个人合法权益的消费者,以及追求市场利润的网络食品企业。这部分利益相关者由于利益的对立和冲突,形成了多方主体之间的利益博弈。为实现网络食品安全领域的利益均衡,亟待理顺这一领域的利益产生与分配机制、利益代表与表达机制、利益协调与保障机制等,实现食品安全治理由传统的高度集中模式,逐步向多元利益主体共同参与模式变迁。

多元共治，从政府角度讲，就是放弃对社会治理的全面掌握，将更多主体纳入公共管理体系，充分发挥其积极作用。从社会力量角度讲，就是从被动管理向积极参与转变，在共同的利益诉求下，采取与政府不同，但相互补充的方式进行社会治理。网络食品安全问题产生原因复杂，有我国网络食品产业素质低的原因，也有企业主体责任落实不到位的原因，还有市场机制不健全的原因，以及政府监管工作不到位的原因。针对问题产生原因，采取多元共治，逐个对症下药，是解决食品问题多发现状的有效出路。多元共治通过制度设计、法律规范、制约监督、体制保障等路径，协调政府部门、食品行业、消费者三方的利益博弈，最终实现社会利益的均衡配置，符合构建社会主义和谐社会的题中之义。

9.1.2　多元共治的必要性和重要性

在第十二届全国人民代表大会第三次会议上，李克强总理在政府工作报告中首次提出了"互联网＋"行动计划[①]。"互联网＋"是一种新的经济形态，它充分发挥互联网在生产要素配置中的优化和集成作用，将互联网的创新成果深度融合于经济社会各领域之中，提升实体经济的创新力和生产力，形成更广泛的以互联网为基础设施和实现工具的经济发展新形态。随着"互联网＋"的不断发展，网络食品正日益走入寻常百姓家。根据中国烹饪协会调查，2013 年全国餐厅在线预订总订单就超过 120 万份，支持在线预订的餐饮服务单位数量增长高达 30 倍，目前，已有超过 1/3 的餐饮服务单位推出外卖外送业务，且发展迅速[②]。消费者享受着便捷服务的同时也在承受着网络食品安全问题带来的恶果。网络食品自身的"线上平台"特性，使得其引致的食品安全问题的利益主体不仅限于消费者与食品企业双方，还牵涉政府、平台、媒体、消费者等在内的大量利益相关者。因此，单纯依靠政府或市场已经无法从根本上解决网络食品安全问题，有必要构建一个包含多元共治主体协同的网络食品安全治理体系。

不置可否，网络食品安全治理是一个复杂的社会系统过程，单纯依靠政府或市场不能从根本上解决问题，而且政府管理和市场机制一样都存在失灵的可能，其作用发挥具有一定局限性。所以，解决我国网络食品安全问题，必须着眼于构建网络食品安全治理的整体布局，积极探索和创新多元主体治理路径，统筹政府职能部门、食品生产经营者、消费者、媒体等多元主体互动协作，将政府管理和市场机制结合起来、民间和官方结合起来、内部自律和外部监督结合起来、法律规制和诚信体系建设结合起来，形成解决网络食品安全问题和构建良性社会秩序的综合途径。

治理理论的产生是当代社会科学领域交叉研究、网络发展的结果，表征了现代政府转型和经济社会发展的未来趋势，这一理论在解决社会公共问题时具有普遍指导作用。网络食品安全问题是一种典型的社会公共问题，网络食品安全治理是社会公共治理的重要方面，以治理理论的内核价值为指导，网络食品安全治理摒弃了传统以政府为单一主体的监

---

① 政府工作报告——2015 年 3 月 5 日在第十二届全国人民代表大会第三次会议上. 人民网(2015-03-17): http://nx.people.com.cn/n/2015/0317/c192469-24177819.html.

② 任筑山，陈君石. 中国的食品安全：过去、现在与未来. 北京：中国科学技术出版社，2016：299.

管模式，转为以政府、食品企业、媒体和消费者等多元主体共同参与的协作治理，这无疑是社会治理领域的一种机制创新，体现了政府职能转变的内在要求，符合开放社会参与的公民精神，为完善社会治理体系积累了宝贵经验。这种尝试也为治理理论在其他社会管理领域的运用提供了范例，更是对党的十八大报告中所提出的"加强和创新社会管理，提高社会管理科学化水平"要求的积极回应。

9.1.3　多元共治的关键是"协同"

网络食品安全工作关乎人心向背，关乎党和政府形象，关乎社会是否和谐稳定。新时期，各地、各有关部门，特别是省食品安全委员会各成员单位，要进一步增强认识，认真履行职责，以最严谨的标准、最严格的监管、最严厉的处罚、最严肃的问责，确保全国人民群众"舌尖上的安全"。网络食品多元共治的关键在于"协同"，从整体上讲，多元共治要求：进一步建立健全制度，不断巩固和提升改革成果；强化风险意识，全面排查和消除风险隐患；突出能力建设，着力提高科学监管水平；加强协调联动，努力构建多元共治的网络食品安全工作格局。

政府在网络食品多元共治体系中应起主导作用。以工商部门为代表的政府部门应从五个方面为提升食品安全监管水平做出努力：①扎实做好食品市场行为监管，通过运用信息公示、信息共享、信息约束等手段，强化食品行业信用监管；②切实维护食品消费者合法权益，认真履行新《消费者权益保护法》赋予的职能，充分发挥12315消费者投诉举报网络作用，依法查处欺诈消费者违法行为；③注重发挥消费者协会在维护食品安全上的重要作用。各级消费者协会要面向社会广泛开展食品安全消费教育引导，引导企业健全行规和加强自律；④积极倡导食品经营主体尚德守法，引导食品经营者自觉履行食品安全的法定责任，倡导诚信经营和守法自律；⑤配合做好食品安全各项工作，建立执法协作、信息通报等工作机制，形成监管合力。

其他主体在政府的领导下，加强协调联动，为网络食品建立安全保障。作为食品安全治理的制度创新，多元共治主要具有多元主体，开放、复杂的共治系统，以对话、竞争、妥协、合作和集体行动为共治机制，以共同利益为最终产出等特征。多元共治不是政府退出，不是"小政府、弱政府"，而是"小政府、强政府、大社会"的共同治理模式。在多元共治体系下，企业将自律，"平台"严把食品准入退出机制，消费者将发挥市场力量，媒体将强化监督，共同为保障网络食品安全贡献自己的力量。

9.1.4　多元共治的实践基础

多元主体共同治理为特征的多元共治并非来源于西方实践，也不是西方社会治理模式的总结，而是我国实践探索的经验总结。目前，我国各地、各有关部门按照国家和省里的统一部署要求，一手抓体制改革和队伍建设，一手抓服务发展和有效监管，完善统一的网络食品安全监管体系初步形成，全国网络食品安全总体态势有一定好转，但情况依然不容乐观。据国家工商管理行政总局新闻报告，2017年第一季度互联网食品领域违法问题有显著增长的趋势。仅 2017 年第一季度，政府查处网络商品交易及有关服务行为案件 2330 件，同比增长 163.9%。其中，违法广告和不正当竞争问题较为突出，分别占网络商品交易及有关服务行为案件的 34.3%和 18.8%①。

2014 年，"社会协同共治维护食品安全"主题座谈会在北京召开，这次会议是全国食品安全宣传周"工商主题日"的重要内容，会议为网络食品社会共治提供了重要的实践基础②。国家工商管理行政总局副局长马正其到会并致辞。本次座谈会举办的目的就是集思广益、建言献策，共同努力营造更加安全放心的食品消费环境。此次会议总结了网络食品安全多元共治乃至所有食品的多元共治的实践经验，并为进一步实施网上食品安全共治提供了建设性的意见。

提升网络食品安全治理能力是国家治理能力现代化的重要体现，需要政府、市场、社会、企业等多元共治。工商部门作为维护市场秩序的部门，需要按照中央的部署，继续通过完善信用监管机制，强化对损害消费者权益违法行为的惩处，倡导食品经营主体尚德守法、增强责任意识，与有关部门及相关主体加强协同配合，做好食品安全各项工作，为提升网络食品安全监管水平继续努力。

9.2　多元主体社会共治的理论框架

网络食品销售具有经营主体多、流通环节长、销售量大、顾客面广、市场呈现碎片化等特征，问题复杂。目前，我国网络食品安全监管实行的主要是国家食药监总局统筹监管的监管体制，由政府主导的自上而下的分级监管模式。但政府监管力量薄弱，监管技术滞后，难以适应网络食品监管的现实需求，因而其监管模式亟须引入消费者、媒体、平台、食品企业等多元力量，进行深刻变革。然而网络食品消费者安全意识淡薄，信息获取处于劣势地位，难以充分发挥其监督与反馈作用；媒体规范性较差，难以确保所传达信息的准确性，从而难以发挥监管作用；而网络食品制作企业尚未真正建立行业协会，行业自律作用难以发挥；"网络平台"作为新兴的销售方式，自律监管机制尚未形成。因而，构建政府、消费者、媒体、食品企业、网络平台五主体多元治理模式任重道远。

在高效的网络食品安全社会共治体系中，网络食品企业是责任主体，引导企业自律，建设规范的市场秩序和诚信体系，是社会共治的核心；政府是监管主体，担任"元治理"角色，是监管的主导力量；消费者作为重要的市场力量，通过自身的行为选择来影响市场；媒体等第三方组织是重要的监管补充力量；而作为网络食品安全的特殊组成部分"网络平台"，其在网络食品准入等方面发挥着不可或缺的作用。网络食品安全问题的有效解决，在于通过政府、企业、平台、消费者、媒体五者之间的良性互动实现各自功能的高效耦合（图 9-1）。

---

① 新华社：一季度互联网领域违法问题显著增长. 新浪财经网（2017-04-13）：http://finance.sina.com.cn/roll/2017-04-13/doc-ifyeimzx6184327.shtml.
② 中消协："社会协同共治 维护食品安全"主题座谈会在京举行. 新浪财经网（2016-11-10）：http://finance.sina.com.cn/roll/2016- 11-10/doc-ifxxsmuu5305983.shtml.

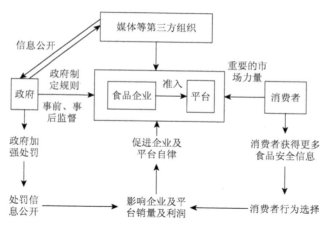

图 9-1　社会共治主要结构

网络食品安全多元共治模式在于促进政府部门、企业、平台、消费者、媒体等多元主体的协同，形成一个以治理的核心理念为指导、以增进社会整体网络食品安全水平为目标的基本框架。在这一框架内，政府部门、企业、消费者、媒体、平台等多元主体在治理过程中各自发挥政府监管、企业自律、社会参与、媒体曝光、平台把关的功能，且任意两个主体之间借助信息沟通机制相互监督和约束，保证整体效用发挥达到最大化，最终实现网络食品安全治理的"善治"。

9.3　多元主体社会治理的运行机制

9.3.1　引导企业自律

引导网络食品企业自律，建立良好的网络食品市场秩序是网络食品社会共治的核心。网络食品虽然以网络平台销售为特色，但供应链前端的网络食品生产与加工依然是网络食品安全问题的最主要来源。传统食品安全视角下，企业是食品安全的责任主体，为消费者提供优质、健康的产品，满足消费者需求是企业义不容辞的社会责任。但众所周知，单纯依靠企业自律及市场力量并不能保证食品安全，政府等主体的监管在食品安全维护中作用重大。而"互联网＋"环境下诞生的网络食品，由于其销售渠道的"线上"特征，食品溯源变得异常困难，因而网络食品生产与加工企业非合规经营现象比比皆是，监管异常棘手。

因而，作为网络食品生产与加工的企业主体，更应该坚守自律意识，为保证所生产加工或销售的网络食品安全、健康，企业应当认真履行法律责任与从业道德，加强自我约束和自我规范的行为机制，具体包括严格遵守法律法规、政策标准，依法持证经营并对所生产经营产品承担法律责任；健全食品安全管理制度，如食品生产管理制度、食品安全承诺制度、不安全食品召回制度、从业人员健康管理制度等；建立科学的产品质量档案体系，及时追溯食品市场发现的问题并完善食品安全控制机制；依法诚信经营，不搞虚假宣传，杜绝假冒伪劣产品流向消费市场，维护企业的品牌形象。网络食品生产与加工的企业主体应当相信消费者的市场选择能力，积极打造网络食品安全的诚信品牌，实现网络企业利润与社会公益的互利双赢。

另外，基于在网络食品生产与加工的企业监管中，政府难以发挥作用的现状，网络食品行业协会自律机制作为网络食品行业自律机制的组成部分显得尤为重要。基于此，各网络食品行业协会应自觉遵守网络食品市场规则，负责制定网络食品行业规范，维护网络食品市场秩序，参与网络食品市场监督，保护企业和消费者的合法权益；引导和约束网络食品企业诚信守法经营，提高网络食品企业诚信水平和从业人员基本素质，推进网络食品行业诚信体系建设，积极开展网络食品企业诚信教育和食品安全培训，增强网络食品企业诚信守法意识并加强质量安全管理；网络食品行业协会还可以发挥人力资源与信息咨询的优势，号召网络食品企业自觉树立可持续发展理念，严格规范网络食品安全管理的标准和方法，帮助网络食品企业建设良好信誉品牌。

9.3.2　严把"平台"食品准入退出机制

在万众创新的时代背景下，"互联网＋食品"这种有别于传统食品的交易模式获得了蓬勃的发展，以网络外卖订餐为代表的网络食品交易模式迅速占据了食品交易市场。在食品网购成了一种新时尚的时代，只要在淘宝、京东、1 号店、美团、饿了么等食品网购平台上轻轻一点，就可以足不出户享用美食。虽然网上购买食品给消费者提供了巨大便利，但是，由于这些网络食品交易虚拟性、隐蔽性、跨地域性的特点，加之消费者在交易过程中仅能通过文字交流与图片浏览的形式来了解相关食品信息，在第三方交易平台监管不力甚至恶意运作的情况下，网络食品面临食品不安全和投诉无门的双重隐患。随着网购规模的日趋增大，这一问题更加突出。

2016 年央视 3·15 晚会就曝光了外卖 O2O 龙头品牌"饿了么"存在严重卫生隐患，审查不作为甚至主动引导商家欺骗消费者的情况。在此背景下，现行的《消费者权益保护法》无法全面有效地保障消费者的食品安全权益。因此，新修订的《食品安全法》制定了第六十二条和第一百三十一条，以明确网络食品交易第三方平台的义务及法律责任，以期更好地为消费者的合法权益保驾护航。

尽管政府已出台了一系列的法规与条款，但还是远远不够，媒体、消费者、网络食品企业应当联合起来，为网络食品平台健康有序运营做出自己应有的贡献。网络食品的多元共治体系中，在企业自律、消费者积极举报投诉维权、政府"元治理"、媒体曝光等行动之下，平台的作用看似微乎其微。然而，不得不接受的一个事实是，如果越过"食品网络平台"空谈治理，将事倍功半，"平台"极易成为食品风险的温床，对消费者、对社会将带来极其恶劣的影响。作为网络食品的销售媒介，只有健全"网络平台"准入退出机制，加强食品安全问题的责任连带问责机制，网络食品安全的社会共治才能事半功倍，取得良好效果，所以严把"平台"食品准入退出机制是市场共治的首要环节。

《食品安全法》明确规定了网络食品交易第三方平台在某些情况下需承担违反民法和行政法的不利后果，其承担责任的来源是第六十二条和第一百三十三条规定的法定义务和约定义务。其中法定义务包括登记审查义务、管理报告义务和忠实报告义务，而约定义务源于其做出的"更有利于消费者的承诺"。《食品安全法》明确规定网络食品交易第三方平台提供者的"准监管"义务，即其需要对入网食品经营者进行实名登记，必要时需审查许可证，承担食品安全的管理责任；对食品经营者的违法行为及时制止并向有关部门报告，情节严重时还应立即停止服务。平台提供者承担的是形式审查义务，现实中很多商家出于避税、成本等因素的考虑，其许可证上所记载的地址与实际经营地址未必相符，且真实性审查较为困难，因此平台提供者对入网经营者的名称及联系方式需要进行严格的审查和登记，以便在消费者权益受损时，能及时有效地履行自己的告知义务①。

9.3.3　完善政府"元治理"角色

政府作为网络食品安全的主要监管主体，通过法律、条款、规章制度等方式对网络食品安全进行监管，除却政府本身可能存在的"玩忽职守"等自身限制因素，随着"互联网＋"的不断发展，政府这一监管主体的"非万能性"更加明显。其一是随着互联网食品商家的爆炸式增长，政府监管的压力日益增大，甚至于即使其超负荷运行也难以做到面面俱到，万无一失。其二是基于互联网食品的新颖性，其相关的法律条文并未完善，法律、条款、规章制度更新的速度远不及此行业本身的发展速度，在此滞后性的前提下，政府难以与时俱进地处理各种问题。因而，单纯依靠政府难以从根本上解决网络食品安全问题，网络食品安全社会治理需要各主体的共同参与。

尽管政府单一主体监管模式难以适应"互联网＋食品"高速发展的需要，但在网络食品社会共治体系中，政府依然是主导力量。政府通过制定规则，加强事中监督和事后处罚，规范网络食品行业经营秩序，为消费者提供网络食品安全信息及投诉曝光渠道；通过规范媒体行为，确保其报道真实性；监督平台准入退出机制的实施，监督网络食品企业自律，以此理顺消费者、媒体和企业及平台之间的关系，并以完善法律法规作为保障。

英国著名政治理论家杰索普在对治理理论修正的基础上提出了"元治理"的概念。政府在社会治理过程中的"元治理"作用主要表现在：首先，政府是社会治理规则的主导者和制定者，维护规则的制度权威和社会的公平正义；其次，政府通过对话、协商等形式与其他社会力量通力合作，达成共同的价值追求与治理目标；再次，政府积极致力于促进信息的公开透明，使多元主体在充分的信息交换中了解彼此的利益和立场；最后，政府通过促进社会利益博弈的协调与平衡，避免不同阶层因利益冲突而有损治理协作。

在网络食品安全共治的具体实践中，政府的"元治理"具体作用发挥如下。首先，落实网络食品安全监管职责。政府在网络食品安全治理中行使的是社会公共权力，代表社会的公共利益，政府职能部门理应按照权利义务对等原则"在其位、谋其政"，积极履行网络食品安全监督管理的职责，运用其所拥有的公共资源不断强化网络食品安全监管。其次，完善网络食品安全治理的政策法规。网络食品安全政策法规是网络食品安全治理中的指导

---

① 茅莹. "互联网＋"时代网络食品交易第三方平台提供者的法律责任——以第三方网络外卖平台为例. 法制与社会，2016，（15）：108-109.

原则和行为依据，政府要在全面掌握当前网络食品安全现实状况的前提下，认真对照原有网络食品政策法规进行修改和补充，根据治理实际及时制定、出台新的政策法规，以弥补网络食品安全治理中"软件"的缺失。再次，引领公共话语权的表达。一方面，政府本身主导社会话语权的表达，是整个网络食品安全治理中的话语权威；另一方面，政府借助信息公开、听证会、媒体等形式，为网络食品消费者提供话语表达的平台，积极吸纳社会公众的意见和建议，充分发挥治理中的民主。最后，协调各方治理主体的活动。政府不仅要通过制定和颁布政策法律约束网络食品企业、平台和社会公众的自身行为，而且要通过对话协商的形式加强与网络食品企业、平台和公众间的合作，在"软、硬"两种路径中统筹多元共治主体间的活动，使之始终指向食品安全治理的共同目标。

9.3.4　发挥消费者市场力量

　　网络食品安全直接关系广大人民群众的身体健康和生命安全，消费者作为网络食品安全问题的最直接受害者，必然是网络食品安全治理过程中不可缺少的参与主体。互联网技术与大数据理论的迅猛发展为消费者在食品安全监管中的角色转变提供了途径与手段，消费者作为网络食品的直接受众，对网络食品的品质最具有发言权，而新媒体的发展使得所有消费者均成为信息终端，消费者已成为食品行业信息供给者的重要来源。

　　传统意义上食品经营者掌握大量的食品安全信息，而消费者处于信息不对称地位的弱势方。而于网络食品而言，基于其"线上"交易属性，消费者在难以接触实物的情形下做出选择，加剧了网络食品交易双方的信息不对称。因而，网络食品交易相比于传统意义上的食品交易，消费者弱势地位更为明显，网络食品消费者难以鉴别风险并做出选择，此种情形下的市场机制作用难以发挥，因而网络食品交易加剧了"市场失灵"现象。而市场失灵所导致的"逆向选择"，使得网络食品交易市场价格高的劣质品销量可能增加。此外，网络食品市场由于存在大量的传统零售商以及个人卖家，其采购大多经过了多级批发、零售，以及多级物流环节才到达消费者手中，供应链延长加剧了网络食品销售信息不对称的风险。

　　但是，消费者亦能成为网络食品安全治理的重要力量，一是在于消费者对于网络食品安全治理最具积极性；二是源于消费者在特定信息的占有上有一定优势；三是因为消费者集体作用发挥的能量巨大。消费者有效参与网络食品安全治理，能够起到弥补政府有关部门的监管不足、推动社会监督以及制约食品经营者等重要作用。因而，在多元主体治理模式的基本框架下，应当重视消费者在食品安全治理中的参与及其作用的发挥。

　　消费者作为网络食品安全共治的重要市场力量，其作用的发挥关键在于实现可靠、有效、畅通的信息共享。尽管网络食品消费者在网络食品交易过程中处于信息劣势地位，但不能忽视"网络"本身对消费者信息获取的积极影响。通过网络渠道，消费者获取信息便捷，收集信息成本降低。网络购物的虚拟性、市场的不规范都使网络购买食品成为风险感知高的行为，消费者会高度介入，在购买决策过程中，消费者会主动搜寻信息，降低购买风险。网络购物者大多数是年轻人，知识水平高，主动获取信息、处理信息的能力强。因此，对于网络食品，一旦有权威可靠的信息发布，消费者就会做出反应，市场的力量得以发挥（图 9-2）。网络食品安全共治体系中消费者作为重要的市场力量，其作用的发挥需要政府健全信息发布渠道，媒体提供正确信息、平台及网络食品企业加强自律及信息披露机制建设，只有在五个主体作用的高效耦合下，网络食品安全共治才能更好地进行。

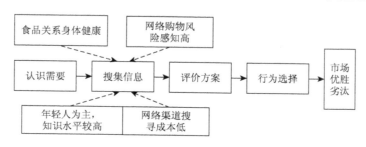

图 9-2　网络购买食品消费者搜集信息的意愿与能力

9.3.5　强化媒体监督

2016 年央视 3·15 晚会曝光了外卖 O2O 龙头品牌"饿了么"存在严重卫生隐患，除此以外，百度外卖、淘宝食品掺假事件无一不是由媒体曝光的。网络食品作为食品在"互联网＋"环境下的新形式，媒体在网络食品安全共治中的作用不可忽视。

媒体作为政府监管的重要补充，其不仅在一定程度上弥补了政府"一元化"监管模式的诸多不足，解决了部分政府监管无法有效解决的问题，也为消费者获取食品安全信息拓宽了途径。但是，由于媒体本身存在的良莠不齐等问题，媒体不仅存在正面影响，其负面影响也相当显著。近年来，在网络交易难以看到实物的背景下，网传的各种不实网络食品安全报告及言论极大地影响了消费者的判断，一定程度上引起了消费者的恐慌。为更好地发挥媒体对网络食品安全监管的积极作用，政府应当加强对网络不实言论的惩罚打击力度，加强监管。网络食品消费者应该擦亮自己的双眼，避免以讹传讹，共同努力，净化网络媒体，使其真实还原网络食品安全问题的面貌，充分发挥积极作用。

媒体监督政府、网络食品企业及相关的网络食品平台。通过监督政府，对其施加压力，减少政府不作为以及政企合谋的行为，可以促进政府对网络食品市场的监管。通过监督网络食品企业，对生产、销售假冒伪劣和有毒、有害网络食品的违法犯罪行为予以曝光，揭露丑恶，警示违规，对网络食品企业及相关平台的行为产生约束作用，同时也为政府提供了发现网络食品安全隐患的另一途径。在媒体和消费者的监督下，网络食品企业及相应平台的行为得以规范，为政府监管创造了更加有利的环境，同时媒体通过其特有的社会公开性表达消费者和网络食品企业的意见和建议，督促政府出台法律法规。

媒体引导和教育消费者。媒体传播网络食品安全知识，曝光不合规的网络食品企业及平台，普及法律法规，减少信息不对称，从而提高消费者的自我保护意识和对网络食品风险的识别能力。例如，"美团""饿了么"事件曝光后，消费者购买外卖食品时会有意识地仔细审查店家的经营许可证，同时会积极举报无证经营店家以净化网络食品市场环境。同时新媒体还具有宣泄、引导和抚慰公众情绪的功能。

除此以外，媒体作为治理主体之一，不受政府全面规制，能动员社会资源，号召全民参与食品安全治理。它是政府、网络食品企业、网络食品平台和消费者等多方参与主体之间的桥梁，也就是网络食品社会共治中各个主体之间的桥梁。正因为媒体的存在，各方信息才能得到及时有效的沟通，媒体甚至能够起到催化剂的作用，促进各方形成治理合力，产生协同效应。在当今社会，倘若没有媒体的参与，就难以形成网络食品安全的社会共治合力。

　　综上，媒体在网络食品多元主体协同治理中以调节变量的形式存在，其存在加强了政府监管的有效性，减少了政府玩忽职守等行为造成的严重后果，为消费者提供了信息获取平台及投诉渠道。更重要的，在"非万能政府"的前提下，媒体曝光对网络食品企业的震慑力量十分巨大，其对网络企业违规违法行为的曝光，能够对网络食品企业的行为产生约束作用，同时也为政府提供了发现网络食品安全隐患的另一途径。

第10章　网络食品风险的预警研究

"国以民为本，民以食为天，食以安为先"，食品安全工作依然是保障公众的身体健康和生命安全，维系社会稳定的重要方面。网络食品安全事件发生具有突发性特点，但其发生过程是不断积累的"量变"引致的"质变"，最终导致食品安全事件的爆发。英国危机管理专家里杰斯特说过"预防是解决危机最好的方法"，由此可以看出网络食品危机信息监测与预警是网络食品管理的关键所在。我国虽已针对网络食品安全立法，但相关主体之间、主体内部之间依然存在不足或隐患，预警机制还不完善，公众的财产及健康安全依旧面临着威胁，因而建立健全网络食品风险的预警机制迫在眉睫。本章将对网络食品可能面临的风险进行识别、分析和评价，并在此基础上建立预警模型以对网络食品风险进行预警。

10.1　网络食品风险识别

世界贸易组织的《实施卫生与植物卫生措施协定》中规定，食品风险评估在确定各国适当的卫生和植物卫生措施的保护水平时，应以风险评估的结果为主要依据[①]，因而风险评估的重要性日益显著。网络食品风险评估以风险识别为基础，风险识别是进行网络食品安全预警和监管的依据，故准确识别网络食品存在哪些风险具有重要意义。在具体识别网络食品包含哪些风险时，需要综合利用一些专门的技术和工具，以保证高效率地识别风险类别且不发生遗漏，这些方法包括德尔菲法、头脑风暴法、检查表法、SWOT[②]分析法和图解技术等。按照报告前面章节的划分，网络食品风险需要识别三个方面的风险，以下将进行具体阐述。

10.1.1　网络食品质量风险识别

网络食品质量风险识别侧重于识别网络食品的不合格性和暴露程度，即识别危害和暴露性，一般从静态和动态两个方面识别。静态识别是指根据网络食品生产经营企业风险特点，从生产经营食品类别、经营规模、消费对象等静态风险因素进行识别。动态识别是指从网络食品生产经营条件保持、生产经营过程控制、管理制度建立及运行等方面识别。这些网络食品质量风险的构成因素由监管部门按照网络食品的标准进行检验得到，检验合格，说明该网络食品中含某危害物质的风险小；反之，说明该网络食品中含某危害物质的风险大。根据对网络食品中所有危害物的检测结果及在人体上的暴露评估，就可以按照一

---

① 实施卫生与植物卫生措施协定. http://gjhzs.aqsiq.gov.cn/wto/WTOgz/200610/t20061026_4821.htm.
② SWOT 分别代表：strengths（优势）、weaknesses（劣势）、opportunities（机遇）、threats（威胁）。

定模型和程序确定网络食品质量的整体风险。检查表法、图解技术法等方法操作规范而科学，因而通常用于识别网络食品的质量风险。

目前，综合考虑我国居民膳食结构、消费人群和消费模式、食品特性和加工工艺、既往监管情况、健康危害程度等多方面因素，并且参考国外管理方式和经验做法确定了高风险食品品种，如婴幼儿配方食品、乳制品、肉制品、食用油、畜禽肉、蔬菜、蛋等。

10.1.2　网络食品舆情风险识别

网络食品安全事关重大，受到公众的广泛关注。公众通过网络等媒体表达对网络食品安全的观点、意见和情绪等，形成我国当前网络食品舆情。网络食品舆情是公众对网络食品的认知，表达了公众对网络食品安全的信赖程度。因此，公众的态度及其行为对网络食品安全舆情有着重要的影响，特别是有关网络食品安全的负面消息，往往容易被公众以讹传讹，产生极其消极的社会影响。本小节主要从网民对网络食品舆情风险的关注度、态度等角度进行风险识别。每个人对网络舆情造成的影响范围认识不统一，影响深度也不尽相同，因而德尔菲法、头脑风暴法等常用于网络食品舆情风险识别。

网民行为对食品安全网络舆情中单个网民行为的影响主要体现在"群体压力"以致"盲目跟风"等。孙静指出群体成员的心理会受到群体压力的影响，从而自动规范复制执行，通常表现在群体压力会使一些没有主见的网民表现出跟风从众的特征，影响食品安全网络舆情中网民个体的行为，网民行为是指在食品安全网络舆情中，浏览、搜索、发帖、回帖、评论、转载以及线下议论等的行为[①]。

严重的网络食品舆情风险将导致社会冲突，危及社会稳定和社会秩序。严重的网络食品安全事件产生时，网络食品舆情风险可能会转变成为一种社会危机，对社会稳定和社会秩序造成灾难性的影响，情节严重时甚至会对构建社会主义和谐社会形成严峻挑战。

10.1.3　网络食品监管风险识别

网络食品监管体系的每个主体都负有相关的监管责任，因而都可能产生相应的监管风险。网络食品监管风险识别需要识别网络食品监管风险包含的范围，即网络食品供应链中所有因素导致的风险中哪些属于网络监管风险。法律法规规范性规定缺失或规定描述模糊，政府、企业和第三方平台缺乏规范性文件监管网络食品，监管机构设置不健全、主体各部门和人员权责不清，管理者、员工或消费者缺乏网络食品安全知识培训等导致的风险都属于网络食品监管风险识别的范围。

网络食品监管风险产生的原因比较复杂，涉及主体或环节较多，这些主体或者环节产生网络食品监管风险的原因众多，造成的不良影响也有所差异，每个人都很难界定各主体或环节应承担的责任分量从而制定相应的管理措施，通常采用德尔菲法、头脑风暴法、SWOT 分析法和图解技术法等进行网络食品监管风险识别。这些方法一方面可以全面识

---

① 孙静. 网络群体性事件参与者心理特点与疏导. 中国人民公安大学学报（社会科学版），2010，（2）：14-18.

别网络食品的监管缺陷或不足,另一方面又能充分利用技术手段和专家意见评估各主体或环节在网络食品监管中的重要程度,指明改进的方向。

10.2　网络食品风险分析

网络食品风险分析就是找出网络食品生产经营各环节中的不确定性因素,估计有关数据,并评估在不同情况下不确定性因素导致网络不安全的概率等。

10.2.1　网络食品质量风险分析

网络食品质量风险分析就是根据识别出的风险,分析风险产生的原因及危害。网络食品危害物质的含量及在人体的暴露量是网络食品质量风险的构成要素,是网络食品质量风险的最终表现形式。参照《食品安全法》《食品生产经营风险分级管理办法(试行)》《网络食品安全违法行为查处办法》的有关规定,网络食品质量风险主要分为静态风险和动态风险两类,所以在分析网络食品质量风险时也应从静态和动态两个角度进行分析。

静态风险包括生产经营食品类别、经营规模、消费对象等因素。根据《食品生产经营风险分级管理办法》的规定,网络食品生产企业应按照企业所生产的食品类别确定静态风险;网络食品销售企业应按照其食品经营场所面积、食品销售单品数和供货者数量确定静态风险;网络餐饮服务企业,按照其经营业态及规模、制售食品类别及其数量确定静态风险。具体评价细节参照国家食药监总局制定的《食品生产经营静态风险因素量化分值表》中的《食品、食品添加剂生产者静态风险因素量化分值表》《食品销售企业静态风险因素量化分值表》《餐饮服务企业静态风险因素量化分值表》三个量表。

动态风险包括生产经营条件保持、生产经营过程控制、管理制度建立及运行等因素。根据《食品生产经营风险分级管理办法》等法律规定,对网络食品生产企业动态风险因素进行评价时应当考虑企业资质、进货查验、生产过程控制、出厂检验等情况;特殊食品还应当考虑产品配方注册、质量管理体系运行等情况;保健食品还应考虑委托加工等情况;食品添加剂还应当考虑生产原料和工艺符合产品标准规定等情况。对食品销售者动态风险因素进行评价时应当考虑经营资质、经营过程控制、食品贮存等情况。对餐饮服务提供者动态风险因素进行评价时应当考虑从业人员管理、原料控制、加工制作等情况。具体评价细节参照国家食药监总局制定的《食品生产经营静态风险因素量化分值表》中的《食品生产经营动态风险因素评价量化分值表》。

10.2.2　网络食品舆情风险分析

造成网络食品舆情风险的因素较多,主要分为以下几个方面:①网络食品安全事件本身波及范围广、危害性大;②媒体为博取眼球片面报道网络食品安全事件,引起恐慌;③工商部门的服务质量和水平较低,没有形成完善的针对网络食品舆情风险的执法文件并文明执法;④消费者对舆情风险的认识不足,易受他人或网络媒体的误导。

　　具体分析网络食品舆情风险时，一般采用定性分析和定量分析两类方法。对网络食品的舆情分析既要对舆情信息进行性质认定和价值判断，又要对其影响范围、受众的观点等进行数量分析，二者既相互区别又相互联系，只有结合起来才能充分认识网络食品舆情的框架和发展。

　　网络食品舆情风险定性分析主要是对信息的定性判断。首先，要甄别网络食品舆情信息的真实性，包括媒体信息来源是否可靠、能否使用关键词搜索出类似新闻和消息、消息是新的还是旧的等。通常可以使用常识或者打电话到当地有关部门或派人到事发地核实调研等方法判断。其次，针对核实过的网络食品舆情信息，对公众的态度、意见和观点进行分析和归纳，对具有代表性的报道、转载媒体进行宏观分析，粗略统计相关数量，对网络食品舆情信息反映的问题的性质、原因、危害、受关注程度和时间敏感程度进行分析，宏观判断网络食品舆情的特征、类型、发展程度等。

　　网络食品舆情风险定量分析主要是对舆情信息进行数理统计分析。定量分析可以通过人工进行或者计算机软件进行分析，主要分析网络食品舆情以下方面的信息：主帖数量及地域分布、主帖点击率、同主题报道媒体权重、转载量、回复量、观点数量和分布等。人工分析比较依赖于分析者对网络食品舆情样本的态度、意见和观点分布的人工统计和归纳，人工制作图表，比较耗时，且常常无法囊括网络舆情信息的所有数据，不能满足时效性要求，而软件系统能更快速完成网络食品舆情方面的信息统计及分析。

10.2.3　网络食品监管风险分析

　　不同主体对网络食品负有不同的监管责任，只有各主体相互合作、共同努力建造良好的监管环境，才能有效保障网络食品的安全。因此，需要针对网络食品的不同主体分析可能导致监管风险的原因。

　　政府层面的监管风险主要从两个角度具体分析。一是立法体系。法律、监管规定的变化或相关标准的制定或执行不统一，影响网络食品企业的正常运营，导致了网络食品的监管风险。因而评价相关网络食品的风险时，要查看此食品的具体标准和监管立法是否完善、具体，法律法规是否对此食品在生产和经营方面进行了规范化的指导。二是监管体系。网络食品市场最大特点是"跨界"，《网络食品安全违法行为查处办法》虽强化了网络食品安全生产和经营者的法律责任与监管部门的调查处理职责，明确了网络食品违法行为的管辖范围，但地方政府间合作困难历来是国家治理的难题，政府内部的不同部门间合作同样困难，查处一起网络食品违法案件可能需要多地、多层级政府的配合，地理空间距离和行政级别可能使《网络食品安全违法行为查处办法》的执行成本高昂而难以落实，最终演化为网络食品监管风险。因而具体评估网络食品监管风险时需要分析政府各级部门之间、同级各部门之间配合是否默契、执行的标准是否统一、相互间信息交流是否通畅。

　　企业层面的监管风险主要分析三个方面。首先，要分析网络食品企业在生产经营过程中是否有完善的指标体系作为规范化的指导，是否有风险防控和应急处理措施，可以通过查阅网络食品企业下发的相关文件进行分析和评估风险；其次，要分析网络食品企业各部门、各人员权责是否分明，配合是否默契，常通过访谈等方法评估风险；最后，要分析网络食品企业员工的法律意识，往往通过探访、考查和检查相关培训文件做出风险评估。

第三方平台的监管风险主要分析以下几个方面。首先，分析第三方平台对网络食品是否有严格的经营制度，一般可以从入网标准及登记、平台对入网食品的信息、投诉举报制度和隐私保护等相关管理措施的规定方面分析；其次，分析审核、审查力度，主要从标准是否符合法律规定、是否执行以及审核、审查频率等方面实施。

媒体的监管风险分析主要分析媒体作为辅助监管的工具，是否起到了应有的作用，主要从媒体报道的消息来源是否真实、报道是否客观、是否注重人文关怀和是否坚持"以人为本"的现代理念等方面分析。

消费者的监管风险分析主要包括消费者是否具备相关网络食品安全知识，是否了解法律和监管部门关于网络食品的相关规定及网络食品安全事件的处理办法，是否知道维权的范围和途径等。具体从考察消费者对网络食品消费权益的范围及维权途径的掌握程度，消费过程中对发现的违法行为的举报义务的履行，发现权益受损后利用合法途径维护权益的执行能力等方面进行具体分析，分析可以使用调查、访谈、约谈、统计分析等形式。

10.3　网络食品风险评价标准

10.3.1　网络食品质量风险评价标准

网络食品质量风险主要是由生产和经营两个方面的风险组成的。为了深入贯彻《食品安全法》，强化食品生产经营风险管理，科学有效地实施监管，提升监管工作效能和食品安全保障能力，国家食药监总局于 2016 年制定了《食品生产经营风险分级管理办法（试行）》。该风险分级管理是指食药监部门以风险分析为基础，结合食品生产经营者的食品类别、经营业态及生产经营规模、食品安全管理能力和监督管理记录等情况，按照风险评价指标，划分食品生产经营者风险等级，并结合当地监管资源和监管能力，对食品生产经营者实施不同程度的监督管理。

国家食药监总局负责制定的食品生产经营风险分级管理制度，是指导和检查全国网络食品生产经营风险分级管理工作的重要依据。《食品生产经营风险分级管理办法（试行）》明文规定该办法适用于食品药品监督管理部门对所有食品生产经营者实施风险分级管理，食品生产经营者应当配合食品药品监督管理部门的风险分级管理工作，不得阻碍、拒绝或逃避。

参考《食品生产经营风险分级管理办法（试行）》，遵循食品生产经营风险分级管理的风险分析、量化评价、动态管理、客观公正原则，结合网络食品生产经营企业的风险特点，从生产经营网络食品的类别、经营规模、消费对象等静态风险因素和生产经营条件保持、生产经营过程控制、管理制度建立及运行等动态风险因素，可确定网络食品质量风险等级。

网络食品质量风险等级从低到高分为四个等级：A 级风险、B 级风险、C 级风险、D级风险。食药监部门确定网络食品质量风险等级时，采用评分方法进行，以百分制计算。其中，静态风险因素量化分值为 40 分，动态风险因素量化分值为 60 分。分值越高，风险等级越高。

　　静态风险因素评价按照量化分值划分为Ⅰ档、Ⅱ档、Ⅲ档和Ⅳ档，每档的网络食品生产经营者划分应参考《食品生产经营风险分级管理办法（试行）》的规定。评定网络食品生产经营者静态风险因素量化分值时，食药监部门调取网络食品生产经营者的许可档案，根据《食品生产经营静态风险因素量化分值表》逐项计分，累加确定食品生产经营者静态风险因素量化分值。对网络食品销售者动态风险因素进行评价时，生产环节应当考虑企业资质、进货查验、生产过程控制、出厂检验等情况，销售环节应考量经营资质、经营过程控制、食品贮存等情况。评定网络食品生产经营者动态风险因素量化分值时，可以结合对网络食品生产经营者日常监督检查结果确定，或者组织人员进入企业现场按照动态风险评价表进行打分评价确定，分别参照《动态风险评价表》和《食品生产经营日常监督检查管理办法》执行。

　　食药监部门通过量化打分，以网络食品生产经营者静态风险因素量化分值，加上生产经营动态风险因素量化分值二者之和确定食品生产经营者风险等级。二者分值之和为 0～30（含）分的，为 A 级风险；风险分值之和为 30～45（含）分的，为 B 级风险；风险分值之和为 45～60（含）分的，为 C 级风险；风险分值之和为 60 分以上的，为 D 级风险。监管人员最后根据量化评价结果，填写《食品生产经营者风险等级确定表》。

10.3.2　网络食品舆情风险评价标准

　　目前，一些地方政府已开始关注舆情风险，并出台一些零散的措施开展舆情风险自查工作，落实舆情风险分析检测，以管理舆情风险，然而尚没有针对舆情风险分级评价形成法律法规或文件，更不用说针对网络食品特有的舆情风险划分分级指标。针对网络食品舆情风险，本报告提出按照网络食品的舆情热度划分网络食品舆情风险等级以供参考。

　　舆情热度是指公众对网络食品安全的关注程度。舆情热度可以根据网络食品安全事件发生地人数、网络上主帖、转帖和跟帖等总量作为衡量指标。参照《中国食品安全网络舆情发展报告（2014）》，本报告将网络食品舆情风险分为四个等级[①]。等级详细划分如表 10-1所示。

表 10-1　网络食品舆情风险等级划分标准

等级	A 级风险	B 级风险	C 级风险	D 级风险
热度	低热度	一般热度	高热度	超热度
划分标准	10 万以下	10 万～30 万	30 万～50 万	50 万以上

10.3.3　网络食品监管风险评价标准

　　网络食品的交易时刻伴随着网络食品监管风险，网络食品的相关主体以及学术界已经

① 洪巍，吴林海. 中国食品安全网络舆情发展报告（2014）. 北京：中国社会科学出版社，2014.

意识到网络食品监管风险的存在，但当前并没有给予足够的重视。政府、企业、第三方平台、媒体和消费者更多关注网络食品的本身生产和经营及网络食品安全事件的原因、严重程度、影响范围和时间等，只针对网络食品质量风险和舆情风险的分析和评估制定相应的措施，而对措施本身在制定和实施中的缺陷导致的网络食品风险并没有研究。本报告在参考食品风险分级标准及网络食品监管风险产生的因素等基础上，提出一种可供操作和衡量的标准以供参考。

网络食品监管风险需要评价三个层面：①需要评价因监管不善导致网络食品安全隐患甚至发生网络食品安全事故的可能性；②需要评价当网络食品监管不到位时危害在公众中暴露的程度；③需要评价网络食品安全隐患或网络食品安全事故可能产生的一系列后果。

网络食品监管不善时，根据事故发生的可能性大小，在公众中的暴露频繁程度以及产生的后果，给定参考分值如表 10-2 所示。

表 10-2　网络食品监管不善引发不安全事故的可能性分值表

分值	事故发生的可能性	暴露频繁程度	产生的后果
10	一定会发生	连续暴露	大灾难，许多人死亡
8	非常可能	每天暴露	灾难，数人死亡
5	可能，但不经常	每周一次暴露	非常严重，有人死亡
3	可能性小，属于意外	每月一次暴露	一般严重，多人中毒
1	可以设想基本不可能	每季一次暴露	有人中毒且严重
0.5	极不可能	每年一次暴露	有人中毒，但不严重
0.1	实际不可能	罕见暴露	引起注意

将三者相乘得到网络食品监管风险分值，按照风险分值划分网络食品监管风险：0～20（含）分为 A 级风险；20～60（含）分为 B 级风险；60～125（含）分为 C 级风险；125分以上为 D 级风险。

10.4　网络食品风险评价及预警

网络食品风险评价是指运用一定方法或手段，对网络食品的安全性做出总体评价。网络食品风险预警即在网络食品不安全事件或情况发生之前，对社会和公众做出和发布预警，这种预警通常由政府或相关机构、组织发布。网络食品风险评价是进行监管和预警的基础，网络食品安全预警是风险评价的一个重要目标。网络食品安全预警信息应按风险评价的结果分为不同的预警等级。

10.4.1　网络食品风险截面评价与预警模型

网络食品风险包括三种风险，涉及多个主体，每个主体都应为网络食品的安全负责。

网络食品的安全监管、风险评估和预警一般是按照主体划分和实施的，因为按照主体划分和实施可以明确每个主体在哪些方面存在不足并导致了多大的风险，这样就可以清楚地分析每个主体的责任和进一步改进方向。而如果按照风险种类来划分，一种风险涉及多个主体，不便于区分各主体的责任并进行管理。所以本报告在对网络食品风险进行总体评估及预警时采用按照主体划分的方法建立网络食品风险评估和预警的层次结构。

使用模糊层次分析法评估网络食品风险。首先，要建立适合网络食品风险分析的层次结构模型，确定相关主体的基层指标考核内容；其次，构造成对比较矩阵，确定各层指标在上一层指标中的权重；再次，针对构造的比较矩阵，计算各层指标权向量并做一致性检验；最后，计算各主体各指标的组合权向量并做组合一致性检验，分为以下四步。

第一步，建立层次结构模型，确定主体基层指标考核内容及风险分值。根据网络食品风险源的识别与分析，可以确定网络食品风险层次结构模型，示意图如图 10-1 所示，其中三级以上的指标可以根据示意图继续分解得到。

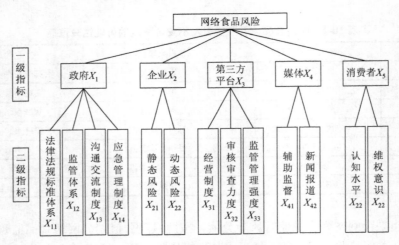

图 10-1　网络食品风险层次结构模型示意图

政府考核内容以下所示。

（1）法律、法规和标准体系。

本指标要求政府针对网络食品质量安全发布较为全面的法律法规以及行业标准体系，确保各级行政主管部门在网络食品质量安全风险监管方面有法可依，主要考核内容：①颁布法律法规明确网络食品质量有关主体的权利与义务，确保权责清晰；②制定并颁布网络食品质量行业标准，规范网络食品市场行为等。

（2）监管体系。

监管体系包括监管机构设置和监管人员设置两个指标。

监管机构设置是从相关政府管理部门的监管责任、监管活动方面设置评价要求，主要评价内容有：①明确网络食品质量监管主管部门以及组成部门，并明确各部门的监管分工、职责与权限，内容明确，设置合理；②明确各部门网络食品质量的监管重点、方式和频次；③地方政府将网络食品质量监管纳入本区域内食品安全年度监督管理计划，并按计划组织实施；④对于监管交叉、空白领域的网络食品质量问题能妥善处理并形成制度；⑤公众参与网络食品质量监管渠道的畅通性。

机构人员设置是要求各政府管理部门设置专门专职的网络食品质量监管人员，主要评价内容有：①各监管部门安排专人就网络食品质量问题与其他部门协调，并形成协调机制；②各监管部门人员均具有各专业领域的专业知识，清楚本部门监管业务范围，能够胜任本部门的监管工作；③各监管部门人员需满足市场监管需要，满足辖区市场监管的工作负荷。

（3）沟通交流制度。

沟通交流制度包括沟通系统和会议制度两个指标。

沟通系统旨在建立有效的信息沟通网络，通过设置畅通的沟通渠道以保证信息得到有效交流传递，主要评价内容有：①具有促进各主体间的沟通联系，沟通范围涉及政府主管部门、行业主管部门、企业、网络平台及消费者的渠道；②对相关人员进行沟通能力培训；③建立逐级沟通和越级沟通渠道，沟通方式多样；④及时反馈沟通信息，保证沟通的效果。

会议制度可以使有关信息以最规范性和权威性的机制进行传递，主要评价内容有：①网络食品质量主管部门定期组织会议的频次，并有规范的书面议程、会议记录，规定保存期限；②企业、网络平台管理人员及工作人员以适当的频率参加网络食品质量相关的法律、法规和标准推介会议，对会议效果进行有效性持续关注。

（4）应急管理制度。

应急管理制度包括应急准备、应急计划和应急演练三个指标。

应急准备主要考察政府部门针对网络食品质量事件的应急制度、应急组织和应急物资准备情况，主要评价内容有：①建立网络食品质量安全事件分级指挥系统；②明确各类网络食品安全事件应急部门组成以及职责分工；③网络食品安全事件应急部门配备了充分、有效的应急人员、物资，包括医疗救护人员、交通管制人员、治安维稳人员、医疗急救器材和药品、交通运输工具和国家规定的其他有关器材。

应急计划主要针对网络食品质量安全事件应急预案的发布和内容进行考核，主要评价内容有：①政府网络食品质量主管部门针对各类网络食品质量安全事件组织专业人员编制应急预案，并及时发布和定期修订；②建立应急联系网络，明确各级联络负责人、上报对象（机构）、上报内容，信息传递对象包括政府主管部门、网络平台、企业以及消费者；③明确各类网络食品质量安全事件应急响应程序，建立应急闭环程序。

应急演练反映相关政府部门对各类网络食品质量安全事件应急救援的实践能力的管理，主要考核要点有：①有组织网络食品质量安全事件应急救援有关知识和能力的培训，培训对象应包括有关政府部门负责人及工作人员、企业管理人员、网络平台负责人以及其他需要培训的人员；②在条件允许的情况下，组织实施网络食品质量事件应急演练，并做好记录，在条件不允许的情况下，可实施沙盘演练或桌面演练，并保证演练效果。

企业考核内容如下所示。

（1）静态风险。

对于食品生产企业，按照食品生产企业所生产的食品类别确定静态风险；对于食品销售企业，按照其食品经营场所面积、食品销售单品数和供货者数量确定静态风险；对于餐饮服务企业，按照其经营业态及规模、制售食品类别及其数量确定静态风险。具体评价细节参照国家食药监总局制定的《食品生产经营静态风险因素量化分值表》中的《食品、食品添加剂生产者静态风险因素量化分值表》《食品销售企业静态风险因素量化分值表》《餐饮服务企业静态风险因素量化分值表》三个量表。

（2）动态风险。

对食品生产企业动态风险因素进行评价应当考虑企业资质、进货查验、生产过程控制、出厂检验等情况；特殊食品还应当考虑产品配方注册、质量管理体系运行等情况；保健食品还应考虑委托加工等情况；食品添加剂还应当考虑生产原料和工艺符合产品标准规定等情况。对食品销售者动态风险因素进行评价应当考虑经营资质、经营过程控制、食品贮存等情况。对餐饮服务提供者动态风险因素进行评价应当考虑从业人员管理、原料控制、加工制作等情况。具体评价细节参照国家食药监总局制定的《食品生产经营静态风险因素量化分值表》中的《食品生产经营动态风险因素评价量化分值表》。

第三方平台考核内容如下所示。

（1）经营制度。

经营制度指标要求第三方平台应当建立入网食品生产经营者审查登记、食品安全自查、食品安全违法行为制止及报告、严重违法行为平台服务停止、食品安全投诉举报处理等制度，并在网络平台上公开。

（2）审核、审查力度。

准入审核指标考核网络第三方平台对网络食品经营主体进入网络平台的基本审查，考核的主要内容有：①网络食品第三方平台设置的准入门槛是否符合或高于食品经营许可的最低国家标准；②审查的广度、深度是否能够包括所有的食品经营主体以及食品经营主体的各类资质与实名登记；③网络食品第三方平台线下实质审核的频率与范围。

动态审核指标主要考查是否能够及时获取平台食品经营主体个人信息和经营资质的更替的信息，并及时更新入网经营者的相关信息。审核能力：本指标主要考核第三方平台对入网经营者的基本信息的真伪具备鉴别能力，保证入网食品经营者身份的真实性与有效性。

（3）监管管理强度。

监管范围指标要求网络食品第三方平台对平台网络食品经营主体进行全方位监管，应包括经营主体食品经营活动的全过程。

监管效率指标主要考核内容有：①网络第三方平台能否及时发现、甄别平台食品经营主体的违规行为或违法行为，并及时制止和报告；②对发现的严重违法行为，是否立即停止提供网络交易平台服务；③对于平台违规现状的治理是否达到法定要求。

媒体考核内容如下所示。

（1）辅助监督。

辅助监督指标是指媒体作为除政府有关部门以及网络平台之外的网络食品质量监督的重要监督组成部分，在网络食品质量安全监管中发挥着不可替代的作用，考核的主要内容有：①公众对媒体作为网络食品质量安全辅助监督组成部分的认可度；②媒体在解决消费者、网络第三方平台和网络食品经营主体间的信息不对称性问题发挥的作用强度；③媒体对网络食品质量安全监督的力度和对网络食品质量安全事件的反应速度；④媒体作为网络食品安全质量辅助监督的组成部分，其监督的有效性；⑤媒体对网络食品质量安全监督的积极性，对违规、违法现象披露的时效性，保障公众知情权的可靠性。

（2）新闻报道。

新闻报道指标是媒体对网络食品质量安全事件报道的真实、客观、公正的考核，考查的主要内容有：①媒体在履行大众传媒职责时，理性地对网络食品质量安全事件进行报道；②对网络食品质量安全事件的报道具有科学的依据，合理客观宣传，没有误导消费者。

消费者考核内容如下所示。

（1）认知水平。

认知水平指标主要考核消费者对网络食品第三方平台及网络食品经营模式的认知水平，考查的主要内容有：①主动接受网络食品安全相关知识的普及培训；②了解第三方平台在网络食品平台服务过程中的法律权利与义务；③了解网络食品经营实体经营过程中的法律权利与义务。

合理膳食认知指标主要考核消费者对网络食品接受程度，主要考核内容有：①网络食品对不同区域内消费者的饮食习惯的影响程度；②消费者对健康合理饮食的认识程度。

（2）维权意识。

维权意识指标主要考核消费者在自身利益受到侵害时权益维护意愿，考核的主要内容有：①消费者对网络食品消费权益的范围及维权途径的掌握；②消费者在消费过程中，对发现的违法行为的举报义务的履行；③消费者在消费过程中或消费后，发现权益受损后，利用合法途径维护权益的执行能力。

确定考核内容后，参照网络食品风险等级，评价或测量每个具体指标的风险等级并确定风险分值，具体如下：A 级风险的分值为 0～30（含）分；B 级风险的分值为 30～45（含）分；C 级风险的分值为 45～60（含）分；D 级风险的分值为 60 分以上。以政府法律法规体系中的机构人员设置为例，在评价某类网络食品风险时，第一个指标分值为 25 分，第二个指标分值为 40 分，第三个指标分值为 30 分。

第二步，构造成对模糊一致性判断矩阵。认识到部门之间协调明显比人员具有专业知识更重要，监管部门人员的专业知识又比部门人员数略微重要，从而可以得到模糊互补判断矩阵 $A=(a_{ij})_{n\times n}$，其中 a_{ij} 具有如下性质：

（1）$a_{ii}=0.5, i=1,2,\cdots,n$；

（2）$a_{ij}+a_{ji}=1, i=1,2,\cdots,n$

根据表 10-3 中的标度表，因素间相互比较，则得到模糊互补判断矩阵：

$$A=(a_{ij})_{n\times n}=\begin{pmatrix} a_{11} & a_{12} & \cdots & a_{1n} \\ a_{21} & a_{22} & \cdots & a_{2n} \\ \vdots & \vdots & & \vdots \\ a_{n1} & a_{n2} & \cdots & a_{nn} \end{pmatrix}$$

$$A = \begin{pmatrix} 0.5 & 0.6 & 0.8 \\ 0.4 & 0.5 & 0.7 \\ 0.2 & 0.3 & 0.5 \end{pmatrix}$$

表 10-3　模糊层次分析法两两比较标度表

标度 a_{ij}	定义
0.5	i 因素与 j 因素同等重要
0.6	i 因素比 j 因素略微重要
0.7	i 因素比 j 因素明显重要
0.8	i 因素比 j 因素重要很多
0.9	i 因素比 j 因素绝对重要
0.1，0.2，0.3，0.4，0.5	反比较 $a_{ij} = 1 - a_{ji}$

第三步，计算各层指标权向量，做一致性检验，并求取该层指标总体风险分值。求解模糊互补判断矩阵权重的一种通用公式如下：

$$W_i = \frac{\sum_{j=1}^{n}\left(a_{ij} + \frac{n}{2} - 1\right)}{n(n-1)}$$

将 A 按列进行归一化处理，再求行平均值，得出机构人员设置中三个指标的特征向量 $W = [0.267, 0.317, 0.416]$。

判断得到的权重值是否合理，还应该进行比较判断的一致性检验。当偏移一致性过大时，表明此时将权向量的计算结果作为决策依据是不可靠的。设 $A = (a_{ij})_{n \times n}$ 和 $B = (b_{ij})_{n \times n}$ 是模糊判断矩阵，称

$$I(A,B) = \frac{1}{n_2} \sum_{j=1}^{n} \sum_{i=1}^{n} (a_{ij} + b_{ij} - 1)$$

为 A 和 B 的相容性指标。同时设 $W = (W_1, W_2, \cdots, W_n)^{\mathrm{T}}$ 为模糊判断矩阵 A 的权重向量，其中 $\sum_{i=1}^{n} W_i = 1(W_i \geqslant 0, i = 1, 2, \cdots, n)$，令 $W_{ij} = W_i W_i + W_j (j = 1, 2, \cdots, n)$ 则称 $W^* = (W_{ij})_{n \times n}$ 为判断矩阵 A 的特征矩阵。对于 A，当 $I(A,B) \leqslant A$ 时，认为判断矩阵是满足一致性的。A 越小，表明决策者对模糊判断矩阵的一致性要求越高，一般可取 $A = 0.1$。根据前面计算，可得

$$W = \begin{pmatrix} 0.338 & 0.388 & 0.487 \\ 0.367 & 0.417 & 0.516 \\ 0.440 & 0.490 & 0.589 \end{pmatrix}$$

$$I(A,B) = 0.032 < 0.1$$

所以该指标权向量满足一致性检验。因而政府法律法规体系中机构人员设置的安全风险分值为 $25 \times 0.267 + 30 \times 0.317 + 40 \times 0.416 = 32.825$，风险水平为 B 级风险。

同理，可以求出五个主体所有三级指标的风险分值，并判定风险等级。

第四步，计算组合权向量，做组合一致性检验，并求取该网络食品的总体风险水平。将第三步的结果作为求取上一级指标的风险分值，重复第二步和第三步算法，可得到网络食品安全的所有层级指标的风险分值。最后根据风险分值对该网络食品的安全风险水平进行分级。

简单明了是模糊层次分析法的最大优点。模糊层次分析法不仅适用于存在不确定性和主观信息的情况，还允许以合乎逻辑的方式运用经验、洞察力和直觉。在网络食品风险评估方面使用模糊层次分析法有以下优点：①建立所有要素的层级，清楚呈现各层、各准则与各要素的关系，可以明确每个主体在网络食品中应承担的责任；②模糊层次分析法的评估程序简洁，计算过程简单易懂，便于分析；③当信息存在遗漏或不足时，仍能划分各主体的责任。

10.4.2　网络食品风险时序评价与预警模型

网络食品生产经营过程是一个连续的过程，因而除非出现重大政策变革、技术革新等原因，否则网络食品风险在后一个时刻点的风险一定与前一个时刻点的风险存在一定的连续性，且这种关联性维持的时间往往不会太长（这也是为什么监管机构每隔一段时间就要对网络食品进行抽检以评估网络食品风险的原因）。因此，将网络食品风险分值离散化分成不同的等级或类别，就可以近似认为两个相邻时刻点之间存在着马尔可夫性，使用隐马尔可夫模型就可以实时预测网络食品风险。隐马尔可夫模型可根据网络食品风险的形成机理，结合定性评价与定量数据，研究网络食品风险传递关系及各环节和主体间的风险动态，为网络食品安全预警提供连续的、较为精确的评估结果。它既可用于不同种类的网络食品风险的演化分析和预警，又可用于网络食品主体或某类网络食品综合风险的演化和预警，只要通过截面分析就可得到该网络食品这类风险或主体的综合风险值并将其作为建模基础。

以某类网络食品为例分析隐马尔可夫模型在网络食品风险预警中的应用。网络食品从原材料到公众食用的过程经历了四个环节：原材料获得、食品加工、储藏运输和消费，在这个过程中有政府、企业、第三方平台、媒体和消费者五个主体参与。HACCP 可以对网络食品的主体可能发生的风险进行识别和评估，进而采取相应的措施。利用 HACCP 确定关键控制点的判断流程如图 10-2 所示。

假设网络食品的五个主体隐藏状态有 4 个，分别代表为 A 级风险、B 级风险、C 级风险和 D 级风险。对归一化的数据采用 DBSCAN[①]算法进行聚类处理后，共得到 4 类，也就是系统的 4 个观察状态 $V_1 \sim V_4$；利用隐马尔可夫模型依次对 4 个观察时间点进行参数评估和风险概率计算，每个时间点最终的风险概率直接影响下一时间点的初始状态概率分布。

在训练隐马尔可夫模型时，利用 Baum-Welch 算法，通过让概率 $P(O|\lambda)$ 达到局部最大值得到隐马尔可夫的参数模型。定义供应链所有特征观察值序列前向变量为

---

① DBSCAN（density-based spatial clustering of applications with noise）是一种比较有代表性的基于密度的聚类算法。

$$a(i) = P(O_1, O_2, \cdots, O_t, q_t = \theta_t \mid \lambda), \quad 1 \leqslant t \leqslant T$$

式中，t 为每个时间点对网络食品观察的批次。则供应链所有特征观察值序列概率为

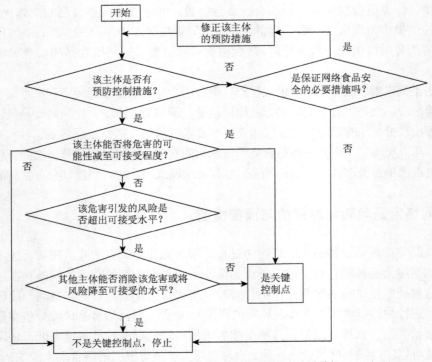

图 10-2　网络食品确定关键控制点的判断树

$$P(O \mid \lambda) = \sum_{i=1}^{N} \sum_{j=1}^{N} \alpha_t(i) a_{ij} b_j(O_{t+1}) \beta_{t+1}(i), \quad 1 \leqslant t \leqslant T - 1$$

通过上式求取隐马尔可夫模型的三元组参数模型 $\lambda = (\pi, A, B)$，于是

$$\tilde{\pi}_i = \xi_1(i)$$

$$\tilde{a}_{ij} = \sum_{t=1}^{T-1} \xi_t(i, j) \bigg/ \sum_{t=1}^{T-1} \xi_t(i)$$

$$\tilde{b}_{ij} = \sum_{\substack{t=1 \\ O_t = V_k}}^{T} \xi_t(j) \bigg/ \sum_{t=1}^{T-1} \xi_t(i)$$

输出概率 $P(O \mid \lambda)$ 会随着重估次数的增加越来越大，直至参数 π_i、a_{ij}、b_{ij} 收敛或算法达到停止条件。

设初始状态分布概率为 $\pi = (0.6, 0.3, 0.09, 0.01)$，状态转移矩阵为

$$A = \begin{pmatrix} 0.68 & 0.2 & 0.12 & 0 \\ 0.3 & 0.59 & 0.1 & 0.01 \\ 0.1 & 0.3 & 0.5 & 0.1 \\ 0 & 0.05 & 0.15 & 0.8 \end{pmatrix}$$

观测向量概率矩阵为

$$B = \begin{pmatrix} 0.5 & 0.2 & 0.1 & 0.05 & 0.15 \\ 0.2 & 0.05 & 0.2 & 0.5 & 0.05 \\ 0.05 & 0.15 & 0.55 & 0.05 & 0.2 \\ 0.3 & 0.2 & 0.2 & 0.1 & 0.2 \end{pmatrix}$$

有了隐马尔可夫模型的三元组模型，就可以对相关数据进行解码分析。给定一组观察序列 $\{O\}$，利用 Viterbi 算法求解观察序列的最优路径，得到供应链最有可能的真实状态。首先将 π_i 与所有特征观察值转移概率 b_i 相乘，得到初始化路径 $\delta_t(i)$ 为

$$\delta_t(i) = \pi_i b_i(O_1), \psi_t(i) = 0, \quad 1 \leqslant i \leqslant N$$

将初始化的路径 $\delta_t(i)$ 与状态转移概率矩阵的元素 a_{ij} 相乘，取最大值与所有特征观察值转移概率 b_j 相乘，得到当前路径最大值 $\delta_t(j)$：

$$\delta_t(j) = \max_{1 \leqslant i \leqslant N} \left[\delta_{t-1}(i) a_{ij} \right] b_j(O_t), \quad 2 \leqslant t \leqslant T, 1 \leqslant j \leqslant N$$

$$\psi_t(j) = \arg\max_{1 \leqslant i \leqslant N} \left[\delta_{t-1}(i) a_{ij} \right], \quad 2 \leqslant t \leqslant T, 1 \leqslant j \leqslant N$$

于是可求出对应的食品安全各个时间点真实状态的最大概率 $P*$ 和最大概率对应状态序列 q_t* 分别为

$$P* = \max_{1 \leqslant i \leqslant N} \delta_T(i)$$

$$q_t* = \psi_{t+1}(q_{t+1}*), \quad 1 \leqslant t \leqslant T+1$$

从而可以评估出各时间点的真实状态 $\{R\}$。

通过 Viterbi 算法可以计算网络食品在第一个时刻结束时处在各状态的概率 δ，于是由第二个时刻初始状态分布概率是第一个时刻结束时所处状态的概率为 $\pi = \delta$，重复上面的计算过程，就可以得到每个时间点网络食品风险的真实状态。

取 20 个样本 10 个时间点的序列作为训练数据，迭代 50 次，用上面的初始状态向量及转移状态矩阵得到最终预测时刻点的初始状态向量及转移矩阵为

$$\pi' = (0.5616, 0.4040, 0.0343, 0.0001)$$

$$A' = \begin{pmatrix} 0.7488 & 0.2490 & 0.0021 & 0.0001 \\ 0.0051 & 0.0343 & 0.6533 & 0.3073 \\ 0.5982 & 0.0859 & 0.3105 & 0.0054 \\ 0.1103 & 0.8129 & 0.0110 & 0.0659 \end{pmatrix}$$

用 1，2，3，4 分别表示 A 级风险、B 级风险、C 级风险和 D 级风险。训练序列真实值及仿真结果如图 10-3 所示。从图中可以看出，隐马尔可夫模型仿真结果无论从时间点的取样还是从演化趋势上看，仿真效果都较好，能基本展现网络食品风险的演化趋势。

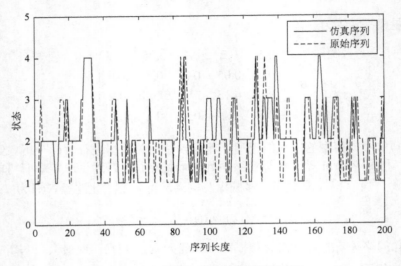

图 10-3　基于隐马尔可夫模型仿真实现

参照网络食品风险等级分值，用 {22.5,37.5,52.5,67.5} 表示 A 级风险、B 级风险、C 级风险和 D 级风险的响应分值，用下面公式计算网络食品风险值为

$$R_h = \sum_i^N \alpha_h(i)c(i)$$

式中，R_h 为网络食品在 h 时刻的总体风险值；$\alpha_h(i)$ 为 h 时刻网络食品风险处于 A_i 的概率；N 是风险等级数；$c(i)$ 是风险 A_i 的响应分值。这样就可以计算出网络食品在所评估时刻的最终风险值。

根据网络食品风险值计算公式得出此类网络食品的最终平均风险值为 29.65＜30，属于 A 类风险，观察转移矩阵可知下个时刻点网络食品的风险值为 37.5＜38.72＜52.5，属于 C 类风险。因此，虽然此网络食品平均风险较低，但按照之前观察到的风险发展趋势，其在下一时刻的风险较高，只是推测出食品的风险较高而并未发生网络食品事故，因而按照《食品安全预警和应急处置制度》及相关食品安全等级的划分，应对该网络食品发出蓝色预警。

10.4.3　连续时间网络食品风险评价与预警

网络食品风险的预测是一个连续不断、循环往复的过程。《食品生产经营风险分级管理办法（试行）》规定食药监部门应当根据食品生产经营者风险等级划分结果，对较高风险生产经营者的监管优先于较低风险生产经营者的监管，实现监管资源的科学配置和有效利用。根据《食品生产经营风险分级管理办法（试行）》《食品安全法》《网络食品安全违法行为查处办法》的规定，食药监部门将网络食品风险等级评定结果记入网络食品安全信用档案，并根据风险等级合理确定日常监督检查频次，实施动态调整。

食药监部门根据当年网络食品生产经营者日常监督检查、监督抽检、违法行为查处、食品安全事故应对、不安全食品召回等网络食品安全监督管理记录情况，对行政区域内的网络食品生产经营者的下一年度风险等级进行动态调整。在不违背相应风险等级的监督检查频次上，具体检查频次和监管重点由各省级食药监部门确定。市县级食药监部门应当根据网络食品生产经营者风险等级和检查频次，确定本行政区域内所需检查力量及设施配备等，并合理调整检查力量分配（图 10-4）。

图 10-4　网络食品风险适时评估示意图

食药监部门在每次检查监管以评估食品风险时，通常采用打分法，参考《食品生产经营静态风险因素量化分值表》《食品销售环节动态风险因素量化分值表》《食品生产经营日常监督检查要点表》等对食品的每个指标量化评分。《食品生产经营风险分级管理办法（试行）》的规定只能解决网络食品生产经营企业在生产和经营环节的风险评价，但网络食品风险的产生涉及政府、企业、第三方平台、媒体和消费者多个主体，单纯依靠《食品生产经营风险分级管理办法（试行）》对网络食品风险评估分级以实施食品安全预警是不可行的。因此针对每次网络食品风险监督检查结果及每个主体每个细化指标的评价或测量结果，建立科学的模型以总体评估网络食品的安全风险是有必要的。模糊层次分析法截面风险评估可以根据网络食品的每一个细化的评估或测量结果，按照主体部门或者环节，自下而上评估网络食品总的安全风险。但截面风险评估对检查力量及设施配备等要求较高，评估工作量大，成本高，因而不可能适时对网络食品风险进行评估。网络食品交易比线下市场快，且具有虚拟性、隐蔽性和跨区域性等特点，针对线下市场的食品风险监督检查办法往往无法跟上网络食品发展的速度，无法有效控制网络食品风险，最终引致网络食品安全事件的发生，故建立适时网络食品风险预警模型，连续不断地评估网络食品风险适应了网络食品发展的需要，是对现有网络食品风险评估和监管的有效补充。隐马尔可夫模型等连续时间模型可有效利用网络食品风险的监督检查和评价历史预测网络食品安全的风险水平。

时序评价对截面评价的作用是显而易见的，下面验证截面评价对时序评价的修正作用。沿用 10.4.2 小节的时序评估模型及数据，考虑是否有第四个时间点的观测数据即序列 160～180 对下一阶段该网络食品风险评价的影响。图 10-5 中，图（a）为缺失 160～180 序列数据时连续评价图，图（b）为未缺失数据时的连续评价图。从图中可以看出，是否缺失原始序列不仅影响了 160～180 这段序列的评价结果，同时对后续的评价也有一定的影响，这就说明离待评价时间点的数据缺失会对连续评价结果造成一定的影响，也就是说，截面评价对时序评价起到了修正作用。当缺失上面序列数据时，原有的演化趋势被改变，按照 10.4.2 小节的方法可求得此网络食品的风险值为 37.92，已经接近划分为 B 类风险，但尚属于 C 类风险，因而依然应发出蓝色预警。

　　在评价和预测网络食品风险的过程中，截面评估和连续评估缺一不可，二者相辅相成。截面评估是更具体的、系统的、全面的评估，评估的结果往往更精确；而连续评估是根据已有的评估结果，按照历史发展趋势预测未来每一时刻网络食品的安全风险水平，评估结果相对较低。截面评估为连续评估提供评估的基础并对连续评估的结果和模型进行修正，没有截面评估结果作为参考和修正，就没办法完成连续评估。连续评估是截面评估的有效补充，截面评估受限于工作量和成本等因素，一般是间断进行的，连续评估则用相对较低的工作和成本填补截面评估间断点之间的空白。

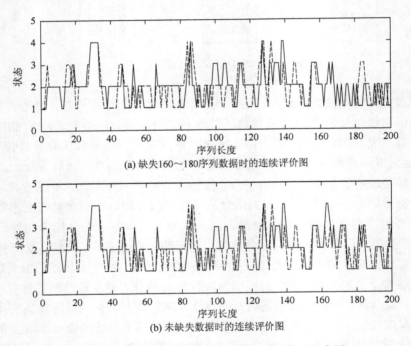

(a) 缺失160～180序列数据时的连续评价图

(b) 未缺失数据时的连续评价图

图 10-5　连续评价中截面评价对时序评价修正示意图

虚线为原始序列，实线为仿真序列

第11章　网络食品安全应急管理措施

应急管理也称危机管理、公共安全管理、灾害风险管理等,主要研究突发事件的决策优化等问题,是近年来管理领域中出现的一门新兴学科,也是公共管理理论重点研究的领域[①]。随着"互联网+"的蓬勃发展,网购食品日趋常态化,相应地,对网络食品市场的管理也应给予更多的关注。网络食品安全应急管理措施应遵循我国应急管理体系建设的总体要求,针对网络食品安全的特点,围绕应急管理的事前预防、事中应对和事后恢复三方面采取措施,充分发挥政府、企业、平台、消费者、媒体五个主体的功能,实现多元主体的协同共治、良性互动,以便更好地应对网络食品安全突发事件。

11.1　网络食品安全应急管理的事前预防工作

应急预防机制是网络食品安全突发事件防控的基础,事前预防即对可能风险的预防,是对风险进行识别、分析、估计和处理的过程。预防的首要任务是对作业风险进行分析,只有分析全面、透彻,才能有针对性地制定措施,将风险降到最低。要认真加强对各项工作的安全风险分析,排查和消除风险隐患,对其中存在的薄弱环节和风险隐患积极排查,寻找漏洞,防患于未然。

11.1.1　网络食品安全的应急预案

网络食品市场的应急预案根据行为主体分为两方面:一是政府部门针对突发事件的行政干预措施;二是第三方平台自身面对企业安全问题的自查自纠措施。

国家食药监总局高度重视网络食品安全应急预案体系建设工作。国家食药监总局按照国务院的部署要求,认真贯彻落实《中华人民共和国突发事件应对法》[②]《国家突发公共事件总体应急预案》[③]《国务院关于全面加强应急管理工作的意见》[④]等相关法律法规和规范性文件,结合网络食品应急管理工作实际情况,积极推进应急预案体系建设,不断提高应急处置能力和综合管理水平。

根据国家食药监总局办公厅发布《食品药品监管总局办公厅关于做好突发事件应急预

---

① 曹利强. 食品安全突发事件全面应急管理体系构建思路研究. 河南工业大学学报(社会科学版), 2013, 9(2): 1-4.
② 中华人民共和国突发事件应对法(主席令第六十九号). 新华社(2007-08-30): http://www.gov.cn/zhengce/2007-08/30/content_2602205.htm.
③ 国家突发公共事件总体应急预案. 安全管理网(2009-10-06): http://www.safehoo.com/Emergency/Weave/200910/31171.shtml.
④ 国务院关于全面加强应急管理工作的意见. 国务院公报(2006-06-15): http://www.gov.cn/googbao/content/2006/content_352222.htm.

案管理办法贯彻落实工作的通知》，明确指出为贯彻落实《突发事件应急预案管理办法》，以进一步加强食品药品安全应急预案制定、修订、演练等工作，提高突发事件防范与应对能力。

根据《突发事件应急预案管理办法》，应急预案按照制定主体划分，分为政府及其部门应急预案、单位和基层组织应急预案两大类。政府及其部门应急预案由各级人民政府及其部门制定，包括总体应急预案、专项应急预案、部门应急预案等。其中，针对为突发事件应对工作提供队伍、物资、装备、资金等资源保障的专项和部门应急预案，侧重明确组织指挥机制、资源布局、不同种类和级别突发事件发生后的资源调用程序等内容。政府及其部门、有关单位和基层组织可结合本地区、本部门和本单位具体情况，编制应急预案操作手册，内容一般包括风险隐患分析、处置工作程序、响应措施、应急队伍和装备物资情况，以及相关单位联络人员和电话等。

对于预案的编制，各级人民政府应当针对本行政区域多发易发突发事件、主要风险等，制定本级政府及其部门应急预案编制规划，并根据实际情况的变化适时修订完善。编制应急预案应当在开展风险评估和应急资源调查的基础上进行。应急预案编制部门和单位应组成预案编制工作小组，包括应急预案涉及主要部门和单位业务相关人员、有关专家及有现场处置经验的人员。编制工作小组组长由应急预案编制部门或单位有关负责人担任。

应急预案编制工作结束后，还要进行相应的审批、备案和公布工作。此后，应急预案编制单位应当建立应急演练制度，根据实际情况采取实战演练、桌面推演等方式，开展广泛参与、处置联动性强、形式多样、节约高效的应急演练。后续对应急预案的评估和修订工作也是不可或缺的，对应急预案的培训和宣传教育以及建立相应的组织保障都有助于推动应急预案的落实。

食药监总局制定宏观方面的网络食品安全预案，从整体上保障公众权益。相应地，网络食品生产企业作为生产者，直接决定了网络食品的安全性和质量，对食品安全负直接责任。网络食品生产企业可从以下三方面规范自身生产行为，制定本企业的微观应急预案。

（1）食品质量控制体系建立。食品生产企业应具备良好的生产设备、人员配置、生产过程、生产环境、完善的质量管理和检测系统，确保产品质量符合法规要求，如符合HACCP、ISO900 标准。

（2）从业人员管理。食品生产企业应组织本单位食品从业人员进行食品安全有关法规和知识的培训，培训合格者才允许从事食品流通经营，同时建立并执行从业人员健康管理制度。

（3）食品安全应急预案制定。食品生产企业制定的预案，是通过确定潜在的食品安全事故或紧急情况，并做出响应、杜绝或减少事故及降低紧急情况的发生对食品安全造成的损害，并预防或减少可能伴随产生的食品安全影响。

第三方平台在网络食品预防工作中，也应承担起监管者的责任与义务，在网络食品交易行为中，积极主动监管入网经营者行为的合法性及其所销售的食品的安全性，同时服从政府工作方针政策。首先是设立网络食品销售行业准入标准。各网络食品交易第三方平台应积极设立网络食品销售行业准入标准，确保经由其平台所售食品的安全性。网络食品市场同实体食品市场一样，需要一定的行业标准加以规范，尤其是网络上销售的进口食品，对于其来源渠道、检验检疫程序、安全卫生检疫都要严格加以监管,以保护消费者的健康安全。其次是自觉履行信息审查义务。网络食品交易第三方平台应当审查入网食品生产经营者的食品生产许可证或食品经营许可证,将食品生产经营许可信息与省或市级食药监部门的许可数据进行比对,并进一步对入网餐饮服务提供者的经营场所进行现场核实。

第三方平台要与备案部门建立通报机制和联络员制度,定期报告平台上食品生产经营者的基本信息、投诉举报及处理、食品安全自查及检查情况。备案部门监管工作需要时,第三方平台也必须及时提供相关信息和数据。

11.1.2　网络食品安全的科普宣传

网络食品安全事故的发生部分原因是消费者对于食品安全问题缺乏基本常识,在第三网络平台上选购商品时只关注商品的图片及文字介绍从而忽视了食品对于人体健康与生命安全产生影响的关键信息,例如,食品的营养成分表、食品的信息是否与实物相符、食品是否新鲜、食品来源是否正规、生产程序是否合法等,因此为了防止食品安全事故的发生,需要不断提高消费者的食品安全知识水平、消费观念与媒介素养,提高对自身的安全与健康的防范意识和维权意识。当面对突发网络食品安全事故以及不法商贩时,作为亲历者可以第一时间进行自我保护,并利用法律武器有效、有序地进行维权。

良好的消费者意识培养离不开社会媒体。社会媒体应参与到网络食品安全预防工作之中,积极开展网络食品安全科普宣教,稳步推进网络食品安全应急工作发展,承担起社会责任。在"互联网＋"时代,与传统的以专家讲座的形式相比,食品安全科普宣传有了新的模式。可通过"网上超市"等渠道,以互联网和移动互联网等多种传播手段,共同推动和提高百姓对食品安全相关科普知识的认识。同时,结合各自在科研、内容储备、技术开发、大数据方面的优势,围绕食品安全这一核心内容,开发以网站、APP、微信等为载体的产品,为百姓提供便利。通过线上宣传开展线下活动,通过微信公众号来科普食品安全知识,这种科普宣教的创新模式显然在互联网时代更加吸引人。此外还应做到不传谣、广辟谣,面对目前泛滥的垃圾信息传播,其中有很大一部分涉及网络食品安全的谣言,为此媒体应首先恪守准则不传谣,更要积极和有关部门、科研单位配合,对于社会上关于食品安全的信息进行辟谣,营造良好的舆论环境。

政府作为"元治理"的角色,在协调各主体的系统配合时,也需发挥能动性,有关部门应及时关注网络食品安全的突发事件与舆论走向,结合大数据进行有效研判。培养消费者健康的消费意识,利用网络多维监督食品企业,对网络食品交易平台进行系统化的监管,引导媒体营造健康的网络食品舆论环境。

目前,比较具有代表性的网络食品安全科普宣教活动,主要有全国青少年食品安全宣传教育活动和全国食品安全宣传周活动。全国青少年食品安全宣传教育活动也在全国各地广泛开展,活动通过开展食品安全知识讲座、填写问卷调查、食品安全游戏互动、观看食品安全知识展板等环节,提升和强化青少年食品安全意识、提高食品安全鉴别能力、促进青少年健康成长。我国已经开展了数届全国食品安全宣传周活动,关于全国食品安全宣传周(China food safety publicity week),是国务院食品安全委员会办公室于 2011 年确定在每年六月举办的，通过搭建多种交流平台，以多种形式、多个角度、多条途径，面向贴近社会公众，有针对性地开展风险交流、普及科普知识活动，因活动期限为一周（也可能因主题日的丰富而适当延长），故称全国食品安全宣传周①。宣传周的宗旨是促进公众树立健康饮食理念，提升消费信心，提高食品安全意识和科学应对风险的能力；增强食品生产经营者守法经营责任意识；提高监管人员监管责任意识和业务素质。宣传周从 2011 年开展至今，每年的主题都会因时而变，并设有全国食品安全宣传周官方网站，便于公众对有关网络食品安全问题查疑解惑。全国青少年食品安全宣传教育活动也在全国各地广泛开展，活动通过开展食品安全知识讲座、填写问卷调查、食品安全游戏互动、观看食品安全知识展板等环节，提升和强化青少年食品安全意识，提高食品安全鉴别能力，促进青少年健康成长。

可见，面对网络食品风险易发高发的现状，要做好网络食品安全预防工作，需要政府各部门作为第一顺位监管者严格监管，网络食品交易第三方平台作为第二顺位监管者主动监管，相关媒体主动承担社会责任侧面监督监管，消费者作为主要当事人积极参与监管。

11.1.3　网络食品安全的能力建设

网络食品安全应急管理中的能力建设主要体现在以下几方面。

（1）食品标准化能力建设，主要体现在政府支持网络食品标准化的生产厂建设方面，包含从原材料运输到食品打包等一系列的配套措施，提高相应网络食品规模化标准化水平，注重企业自身的质量检验检测能力的建设及工艺装备和技术水平的提升，促进生产企业的持续健康发展。

（2）安全检测能力建设，也涉及质监系统的能力建设，主体包括食药监局、发展改革委，为食品安全建设做出规划，主要用于食品安全监管部门购置相关设备，提升检验检测能力。

（3）食品安全监管的信息化系统的建设，其中食品安全的监管信息化工程是国家的重要信息系统建设内容，它包括食品产业的生产、流通、加工、消费全方位，也利用新兴技术，如物联网、防伪技术、云计算来支持整个食品生产的监管信息系统。物联网新技术中便有国家重点食品质量安全追溯物联网应用示范工程，是利用现有条码进行快速检测的技术。需力求实现食品质量的源头可追溯、质量可追究、产品可召回、可防伪，中粮等重点企业已经实施了这个工程。

由此，网络食品应急管理中监测网络和预报预测系统得以完善，应急信息发布的时效性、准确性和覆盖面不断提高，成为落实能力建设的主要任务。

11.2　网络食品安全应急管理的事中应对措施

对于安全生产的规范，是对网络食品安全的事中调控，主要是对食品生产过程的规范。

---

① 全国食品安全宣传周. 360 百科：http://boike.so.com/doc/6724859-6939015.html.

其中的应对措施,具体从网络食品安全的应急值守和应急联动着手。

11.2.1　网络食品安全的应急值守

应急值守系统是各级政府应急平台建设的第一步,主要解决政府应急部门最常遇见的协调调度工作。应急值守工作也是确保政令畅通、信息报告及时的关键环节,是有效应对和处置突发事件、维护社会稳定的重要保障。网络食品安全具有高风险的特性,对食药监局的应急管理工作能力有着更高要求。

应急值守人员应树立良好的工作习惯,对值班期间的每项工作都要细微谨慎地处理好。要处理好有关网络食品安全类的新兴业务,需要应急值守人员具有强化自身能力、快速反应能力、综合分析能力、语言表达能力、协调办事能力、文字写作能力和现代办公能力,不断学习新知识、新技能,掌握现代网络办公技术,适应网络食品安全新形势要求。

网络食品安全应急值守需要制度保障,认真执行食品安全事故信息报告制度,完善应急预案,全面做好应急准备。要加强各级食品安全事故信息报告工作,进一步落实食品安全事故信息报告分管领导和具体责任人,加强应急值守,畅通报送渠道,确保信息报送及时、准确。对发生重大食品安全事故而未及时报告的,要予以通报并严肃追究相关人员的责任。

网络食品安全应急值守还要加大查办力度,严厉打击违法行为,整治行业性、区域性、系统性风险隐患。加强信息报送,确保应急通信畅通。明确对辖区内发生的食品药品安全突发事件,要按照有关规定及时、如实上报,不得迟报、漏报,坚决杜绝瞒报、谎报,对因迟报、漏报、瞒报延误处置时机或造成重大影响的,要按规定严肃追究相关人员责任。加强组织协调,与部门做好相关工作,建立应急协同机制。

食药监局应利用网络食品交易的特性,创新应急值守方式。可与网络食品交易第三方加强合作,共享交易信息网络,如此能极大地提高工作效率,并得到第一手资料。

11.2.2　网络食品安全的应急联动

根据网络食品安全相关利益各方的利益特点,可建立"1+3"应急联动机制。"1"是作为被监管者的第三方平台,"3"分别是作为监管者的食药监局、第三方平台、相关媒体。"1+3"应急联动机制建立的目的在于实现应急处置资源整合和运用效果的最优化,实现网络食品安全突发事件造成的影响和损失最小化。

建立多部门、多行业、跨区域的应急联动机制,需要重点把握好以下几个关键环节。

(1)实现信息互通。各有关方要加强信息沟通,相互通报信息,实现目标同向、行动同步,充分发挥各自优势,有效应对网络食品安全事件。第三方网络交易平台实时掌握第一手网络食品交易信息,作为监管者与被监管者的双重身份,应及时把相关网络食品事件信息反映给食药监局及有关部门。食药监局应及时做出反应,并通过相关媒体向公众做出事件反馈。

(2)实现资源共享。各有关方要全面掌握应急力量和应急资源,确保网络食品安全事件发生后，能够优化配置和合理调度资源。食药监局要及时成立相关工作小组，对所发现的网络食品安全问题开展调查工作。第三方交易平台要配合食药监局的监管督查工作。相关媒体要对网络食品安全事件进行跟踪报道，保障公众的知情权。

（3）实现应对协同。按照统一领导、综合协调、分类管理、分级负责、属地管理为主的应急管理体制，要建立处置网络食品安全突发事件运转高效的应急指挥体系。食药监局应根据制定的网络食品安全应急预案，按照各有关方在预案中的责任分工，在应急领导小组的指挥下，统一行动、协同配合，有效应对网络食品安全突发事件。

在具体过程中，网络食品安全事件发生时，最先需要政府及时采取相应措施。

首先，组织应急会商。在网络食品安全事件发生后，依据事件风险评估的级别，相应各级网络食品安全应急管理部门协同其他业务部门、专业技术机构、相关专家小组等进行会商，共同讨论网络食品安全事件应急管理的具体策略，制定应急处置工作方案。

其次，开展事态研判。对网络食品安全事件总体情况进行综合分析，在应急会商讨论结果的基础上，对事件的性质、发展态势、未来后果和影响进行研判。

再次，进行指挥调度及综合处置。依据对网络食品安全事故的等级界定，相应地划分给不同层级监管部门进行应急工作指挥调度。具体包括对现场应急装备、物资和人员进行统一调配，并实时将处置情况上报；对应急现场进行具体实物的分析、处理、上报等工作，包括现场控制、组织检测检验、事件调查等[①]。

最后，发布网络食品安全应急事件处理结果信息。由于食品药品等健康产品的特殊性，此类突发事件往往受到社会公众的广泛关注。第一时间提供情况，避免谣言产生是信息发布的重要原则。在食品突发事件发生时，公众迫切需要了解详细信息，因而大众传媒应当及时告知相关信息，否则流言很可能占据舆论高地，可能会造成即使后来官方补充发布权威信息也很难扭转前期形成的固有印象[②]。

11.3　网络食品安全应急管理的事后恢复工作

网络食品安全关乎着消费者的生命安全，因而受到人民群众的高度关注，在网络食品安全事故发生后，网络食品安全应急恢复工作尤为重要，而这些恢复工作，需要社会各方的共同参与。

11.3.1　网络食品安全的应急平台建设

网络食品安全应急平台的建设，可以使我们在网络食品安全突发事件面前变被动为主动，是应对突发事件的处置环节的前移，可以最大限度减少网络食品安全突发事件所造成的损失。网络食品安全应急平台建设是一项系统工程，国家食药监总局可着力构建"一个体系、两个中心、三层规范、四维联动、五方维护"网络食品安全应急平台。

---

① 陈锋. 食品药品安全应急管理信息平台初步研究. 中国药事, 2016, 9（9）：851-857.
② 张冰妍, 孟涛. 新体制下食品安全应急管理路径研究. 中国食品与营养, 2015, 21（10）：16-19.

　　"一个体系"是指国家食药监总局应加快构建网络食品安全事件应急指挥平台。应急指挥平台是一个快速响应、平战结合、图像完整、信息畅通、指挥有力、资源保障的应急联动指挥平台，实现"系统互通、信息综合、统一指挥、资源利用"，重点解决"看得见、连得通、叫得应"等基本问题。

　　应急指挥平台架构[①]如图 11-1 所示。

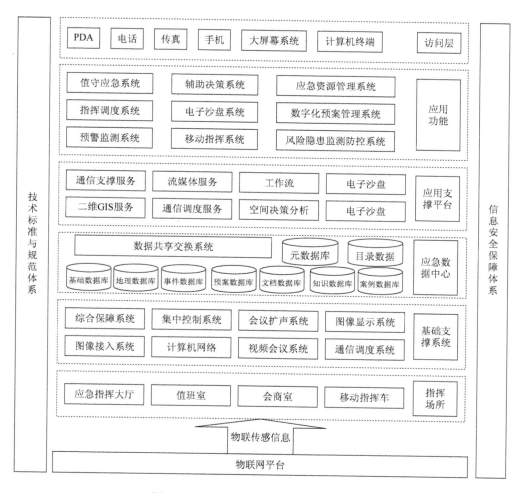

图 11-1　网络食品安全应急指挥平台架构

　　"两个中心"是指国家食药监总局应成为网络食品安全应急业务、突发事件处置信息及应急专题数据的汇聚中心，而网络食品交易第三方平台成为网络食品基础交易信息汇聚中心，配合食药监总局工作。

　　"三层规范"是指国家食药监总局应从宏观层面监督管理网络食品市场，网络食品交

---

　　① 成都威而信实业有限公司. 应急指挥平台架构. http://www.cti-china.cn/index.php？m = content&c = index&a = lists& catid = 35.

易第三方平台具体管理网络食品交易环节，网络食品生产企业自律规范自身生产行为。

　　"四维联动"是指要实现国家食药监总局、网络食品交易第三方平台、网络食品生产企业和主流媒体对网络食品安全事件现场指挥、音视频信息的联动。

　　"五方维护"是指网络食品安全应急平台的建设与维护，离不开国家食药监总局、网络食品交易第三方平台、网络食品生产企业、主流媒体以及社会公众的共同努力。

　　目前，各级政府有关部门在信息化建设过程中，已经逐步建立起服务于各自部门的应急指挥或应急信息系统，在防御重大事故方面发挥了重要作用，为全面实施国家应急平台体系建设创造了一定条件。在实际工作中，网络食品安全应急平台建设发展仍不平衡，应用功能不够完善，信息资源和平台系统尚未有效整合。要建设一个信息和功能完善的网络食品安全应急平台体系，一般由领导机构、办事机构、职能机构、技术支撑组成①。

　　网络食品安全应急管理领域的领导机构，一般是政府和各种"议事协调机构"。在中国的食品监管机构中，承担应急管理职能的一般是"食品应急工作领导小组"或"食品安全应急指挥部"之类的议事协调机构。在突发事件造成的非常状态下，议事协调机构有着显著的存在合理性，因为仅仅依赖某一专门的应急机构可能无法完全应对危机，需要在其他常规机构的协同下共同应对。

　　办事机构就是办公室，履行值守、信息汇总和综合协调的职责，发挥运转的枢纽作用。领导机构必须依托专门的办事机构和职能机构，才能发挥作用。由于中国食品突发事件大多发生在基层，问题食品也更多地流向基层，中国基层食药监部门实际上承担着第一线的重要应急职能，应该设立专门的应急管理机构。

　　职能机构则拥有法律、行政法规、部门规章等规范性文件的授权职能，负责相关领域的管理工作。办事机构和职能机构可以统称为"工作机构"。此外，食品应急管理具有很强的技术性质，应急管理必须依赖一定的技术支撑机构，否则就无法开展工作，因此，技术支撑机构也必须纳入应急体系的组成部分。

　　食品生产企业一旦发生食品安全事故，应急处置应当做到如下几点。首先，面对消费者，食品企业应第一时间与当事人取得联系，进行信息沟通，对问题食品实行下架和召回行动，避免对消费者权益的进一步损害。其次，面对政府，食品企业应当配合食药监部门对本企业食品安全进行监督检查，并如实提供有关情况，同时食品生产企业应自我检查，找出食品安全事故发生的具体原因。再次，应联系销售对象，对可以召回的食品进行召回，对召回的食品实行就地封存，等待食品安全委员会的处理结果；对无法召回的食品，应及时通过相关媒体发布食品安全事故相关情况，积极配合食品安全委员会的追查工作，并尽可能地对已受害或受潜在威胁的消费者进行经济补偿。最后，已定性的问题食品不得再次流入市场，应及时销毁，问题食品生产商在以后的生产过程中应严格规范自身生产行为，引以为戒，自省自律，自觉维护消费者合法权益，遵纪守法。

　　此外，第三方平台也要积极搭建应急平台。第一，建立销售大数据库，加强信息追溯能力。网络食品交易第三方平台连接着成千上万的食品生产经营者和消费者，在网络食品经营中同时扮演着被监管者与监管者的角色，网络食品交易若仅仅依靠监管部门去监管，

① 构建食品安全应急管理体系. 中国新闻网（2014-05-28）：http://finance.chinanews.com/life/2014/05-28/6219117.shtml.

会造成高成本低回报的后果，可能难以达到预期的效果。网络食品交易第三方平台既要依靠规章和制度，还要利用自身的数据信息流优势来确保网络食品安全，对于数量庞大的商品种类和成交数据，运用大数据等技术手段来管理网络交易食品数据，推出网络食品应用工具，利用网络数据处理技术记录第三方平台和商家网站的商品信息，存入专有的大数据库之中，用于检索查询，即消费者利用该工具可以直接搜索了解所需的网络食品。同时，该工具共享全国各地食药监局处罚违规商品和平台的信息数据，载入相关商品的详情页面。消费者在商品信息页面就可查知相关商品或交易平台的违规受罚记录。

第二，第三方平台先行赔付服务。消费者通过第三方平台购买的食品，因所购食品不符合食品安全标准使其合法权益受到侵害，消费者向第三方平台提出赔偿要求的，鼓励第三方平台提供者提供先行赔偿服务。第三方平台提供者赔偿之后，有权向实际责任方提出追偿。

第三，给消费者维权提供维权途径。对于消费者维权问题，第三方平台要在其网站显著位置公布本网站投诉电话、邮箱等消费投诉方式，畅通消费争议沟通渠道，建立因食品安全问题引发的纠纷解决制度。

第四，有食品安全隐患的食品应紧急下架。第三方平台对入驻商家及所出售商品要进行全程跟踪和监管，为消费者把好关，一旦出现食品安全问题，即使不是平台主观故意的，也应承担一定责任。对于存在食品安全隐患，或是消费者举报存在食品安全问题的涉事产品应紧急下架，不得在第三方平台上继续出售，同时向所在地食品安全卫生委员会报备。

第三方平台经营者为交易当事人提供公正、公平的信用评价服务，对出现过食品安全事故的入网经营者及其产品，轻则在网站首页显著位置公示食品安全事故相关情况，重则终止向其提供第三方交易平台服务。其中，对于拟终止提供第三方交易平台服务的，应当提前公示并通知有关消费者和经营者。第三方平台公正、客观地采集和记录经营者的信用情况，尤其是是否发生过食品安全事故，建立信用评价体系、信息披露制度以警示消费者相关交易风险。

综上所述，网络食品安全事故发生后的恢复工作，需要有政府的指挥调度、食品生产企业的责任承担、网络食品有关媒体对社会公众的积极引导以及第三方平台所提供的信息公示、信用评价服务。社会各方的共同参与，对降低网络食品安全事故发生概率，恢复社会公众的信息有着不可替代的重要作用。

11.3.2　网络食品安全的舆情处置

目前国内一种比较一致的观点[①]认为，网络舆情是以网络为载体，以事件为核心，通过互联网表达和传播的，网民对自己关心或与自身利益紧密相关的各种公共事物所持有的多种情绪、态度、意见和观点的表达、传播与互动，以及后续影响的集合。网络食品安全舆情则是由网络食品安全引起的网络舆情。掌握了食品安全的网络舆情，相当于在很大程度上掌握了社会民情，可以为食品药品安全监管工作决策提供很大的参考，有利于食品安全问题的解决。在网络环境下，舆情信息的主要来源有新闻评论、BBS、博客、聚合新闻。

---

① 洪巍，吴林海. 中国食品安全网络舆情发展报告（2013）. 北京：中国社会科学出版社，2013.

网络食品安全舆情具有影响力广、突发性强、敏感度高、偏差性大的特点。

为了引导网络食品安全网络舆情能够朝着健康的方向发展，应从以下几方面入手[①]。

（1）政府相关部门应当加强监督，防止虚假信息的传播。虚假信息是许多食品安全事件的起源，由于网络的虚拟性和匿名性，有些人在面对面交流时可能会有一些顾忌，在网络上发表言论却肆无忌惮，而正是这种肆无忌惮地扭曲事实导致了网络谣言遍布。网络时代信息的传播具有放大效应，可能会增加社会的不信任感甚至是恐慌，给消费者带来不安全感，给企业造成实质伤害。所以政府部门应当加强对网络的监督，从信息源头开始防止虚假信息的发布与传播，从而防止虚假言论对于网络食品安全造成影响。

（2）政府部门应加强信息透明度，提高公信力。网络舆情朝着不良方向发展往往是政府与公众因为信息的不对称性，使得公众对于政府的行为缺乏信赖感。政府只有加强食品安全相关信息公开，提高信息透明度，获得公众的认可与信赖，才能避免食品安全的网络谣言广泛传播。同时政府部门应当充分利用互联网以及其他各种媒介，加强与公众的互动交流，获得信任，提升公信力，引导网络舆情发展。

（3）主流媒体应当主动担起"意见领袖"的角色，用权威的声音，以审慎的态度和科学的视角发布信息，压制不良信息，引导公众不偏信网络谣言，引导食品安全事件朝着正确方向发展。同时，传统媒体也应当发挥其权威作用，虽然如今新媒体不断涌现，从博客、论坛到微博、微信等。传统媒体虽然受众数量减少，但是其权威作用并未发生动摇，仍然能够利用它正确引导舆情走向。

（4）普通公众应当培养社会责任感，同时不断提升自身知识与素养，回归理性，不被网络谣言所误导，并且能够努力摆脱"沉默的螺旋"，理智、真实、全面地看待网络食品安全事件，不仅不做网络谣言的传播者，还要积极引导舆情往正确方向发展。

综上，政府相关部门、食品生产企业、媒体在网络食品安全应急恢复工作中都扮演着重要的角色，其行为影响着社会公众，对网络食品安全的信心，只有通过社会各方的共同努力，才能更好地保障网络食品安全。

11.3.3　网络食品安全的制度建设

实施"标准化＋应急管理"是应对网络食品安全突发事件的一项基础性工程。标准化作为一种技术手段，对于有效开展应急管理工作，实现公众利益和社会利益最大化具有重要作用。标准化既有利于实现应急管理的科学预防，也有利于实现其系统优化和综合协调。

在经济转型发展的关键期，我国食品产业也面临经济发展新常态和诸多矛盾叠加、风险隐患增多的挑战，突发事件的关联性、衍生性、复合型和非常规性不断增强，应急处置难度进一步提高。应急管理下的多元主体应树立底线思维和"红线"意识，提高全社会应对网络食品安全突发事件的响应能力，有效控制、减少突发事件的发生和带来的损失。

为此，应围绕"值守应急标准化""应急预案标准化""应急培训标准化"建立标准体系，而应急管理标准体系框架覆盖了预防与准备、监测与预警、值守与指挥、处置与救援、

[①] 任立肖，张亮. 我国食品安全网络舆情的研究现状及发展动向. 食品研究与开发，2014，（18）：166-169.

恢复与重建、监督与考核等领域。

　　政府要理顺各职能部门在分级应急体系工作中的职能，建立模块化预案，以国际水准进行人才培养和储备。政府做好本职工作前提下还要监督、帮助网络食品企业开展相应的应急值守制度建设、应急预案制定执行和企业安全应急人才培养。

　　此外，还要加强网络食品风险监测工作，提升网络食品风险评估能力。开展风险监测是一项法律制度，它的作用主要是为食品风险评估、食品安全标准制定与修订、食品安全监督管理等工作提供科学依据。第三方网络食品平台也要利用大数据、云平台等技术手段辅助政府更科学有效地开展监测、评估工作，形成良好的政企联动机制。

　　最终，媒体与社会公众应当面对透明公开的网络食品安全应急管理制度建设，积极建言献策、开展监督举报，多方联动、形成合力，从而使得多元主体共治下的应急管理水平不断提高、效力不断加强、覆盖面不断扩大，提升社会公共安全，维护社会平稳运行与和谐发展。

第12章 网络食品安全未来发展趋势

随着人们生活质量的提高，网络食品在未来将会更加普及，网络食品安全在未来也将更加引人关注，而关注网络食品安全，不仅要了解其发展状况，更应把握其未来发展趋势。网络食品安全关系着人们的健康，为保障人们的健康，网络食品安全性的提高是大势所趋。网络食品安全性的提高将体现在网络食品供应链的各个环节上，本章即从网络食品供应链的抽检、标准、物流三个环节探讨网络食品安全的未来发展趋势。网络食品安全标准通过法律层面规范网络食品质量，从生产环节保障网络食品安全；网络食品抽检通过对网络食品进行质量检查，从销售环节保障网络食品安全；网络食品物流通过保护网络食品在运输过程中免遭变质损坏，从运输环节保障网络食品安全。

12.1 网络食品抽检的发展与趋势

实施网络食品安全抽检，有利于及时发现系统性、区域性食品风险和问题，是保障网络食品安全的重要手段。实现网络食品的监督抽检与信息的公开和核查处置联动，可以倒逼生产和经营企业落实网络食品质量安全主体责任，保障网络食品的安全，促进网络食品产业健康发展。

12.1.1 网络食品抽检的约略性

在《网络食品安全违法行为查处办法》颁布之前，我国尚没有专门针对网络食品交易监管的相关法律法规，对于食品抽检仅限于传统食品抽检。传统食品抽检存在诸多问题：一是经济发展水平低，政府部门的检测仪器、设备比较落后，造成即使有不安全因素也无法通过设备检测出来的状况；二是传统抽检方式、方法陈旧过时，无法满足对现代化网络食品检测的需要；三是传统检测方法的标准化程度比较低。

网络食品抽检相关法律法规的建立基于食品安全的相关法律法规。

1995年颁布的《中华人民共和国食品卫生法》[①]，为食品安全提供了法律保障。在此基础上，2009年第十一届全国人民代表大会常务委员会第七次会议通过了《中华人民共和国食品安全法》。2013年又根据新形势的需要对《中华人民共和国食品安全法》启动修订，2015年4月24日，新修订的《中华人民共和国食品安全法》经第十二届全国人民代表大会常务委员会第十四次会议审议通过，并于2015年10月1日起正式施行。《中华人民共和国食品安全法》是食品安全的基本法，是制定网络食品抽检条例、管理办法的基础。

---

① 中华人民共和国食品卫生法. http://www.zybh.gov.cn/newpage/spwsf.htm.

2009 年 7 月 8 日，国务院第 73 次常务会议通过了《食品安全法实施条例》，2015 年国家食药监总局根据《食品安全法》起草了《食品安全法实施条例修订草案（征求意见稿）》（以下简称《草案》）[①]并征求民意，于 2016 年完成修订并实施。《草案》比之前的条例增加了 136 条内容，首次明确了网售食品的抽检标准，要求网络食品交易平台需备案 IP 地址、IP 审查许可证明、网址等信息，未按要求公开入网商户信息的，或面临 20 万元罚款。

2009 年国家工商行政管理总局令第 43 号《流通环节食品安全监督管理办法》[②]发布，2015 年 10 月被废。该办法曾是制定食品抽样检验工作制度的重要参考。

2009 年，为了加强流通环节食品安全监督管理，规范食品抽样检验工作，根据《食品安全法》、《食品安全法实施条例》以及国家工商总局《流通环节食品安全监督管理办法》，国家食药监总局制定了食品抽样检验工作制度，该制度主要包含五方面内容：认真实施食品抽样检验工作，严格抽样检验工作程序；积极引导和督促食品经营者建立食品自检体系，严格防范不合格食品进入市场；强化对抽样检验结果的综合分析和运用，依法报告和发布抽样检验信息；认真开展快速检测工作，依法保护消费者合法权益；加强专业技术人员培训，切实保障抽样检验经费的落实。虽然《流通环节食品安全监督管理办法》现已被废止，但食品抽样检验工作制度依然对网络食品抽检规范的建立起着重要的指导作用。

2016 年 3 月 15 日，国家食药监总局局务会议审议通过了《网络食品安全违法行为查处办法》并于 2016 年 10 月 1 日起施行。《网络食品安全违法行为查处办法》是全球第一个专门针对网络平台食品安全交易的政府规章，标志着我国在网络食品交易监管上实现两个"第一"：一是全球第一个在《食品安全法》中明确网络食品交易第三方平台义务和相应法律责任的国家。二是第一个专门制定《网络食品安全违法行为查处办法》这一规章的国家。《网络食品安全违法行为查处办法》首次提出了针对网络食品抽检的制度——"神秘买家"制度，制度规定县级以上食药监部门都可以通过网络购样进行抽检。该制度一方面保障了对入网食品生产经营者的公平性。样品从被购买到质量检验过程都会有详细的记录备案，做到了有据可查，反映了真实的食品质量；另一方面保障了对买家的公平性，由于入网食品生产经营者并不知道样品是寄给监管部门的，他们就不会对样品动手脚，从而避免送检时的产品是一个样，真正销售的产品又是另一个样的现象发生，进而保证了抽检结果的可靠性，同时抽检流程还原了消费者真实的购物体验，真实反映了网络食品从食品生产经营者到消费者手中由于物流等因素的影响可能导致的食品质量问题，保证了抽检结果的真实性。

12.1.2　网络食品抽检的"精准化"

针对网络食品品种繁杂、分布广泛等特点，未来网络食品抽检将趋于精准化，从而实现有针对性的、准确的、高效的抽检，降低抽检工作的成本。具体来说，未来网络食

---

① 国家食品药品监督管理总局对外公开征求《食品安全法实施条例》修订草案的意见. 国家食品药品监督管理总局（2015-12-09）：http://www.sda.gov.cn/WS01/CL0782/137340.html.

② 《流通环节食品安全监督管理办法》（全文）. 中国经济网（2009-08-11）：http://www.ce.cn/macro/more/200908/11/t20090811_19759239.shtml.

品抽检将通过建立政府各级职能部门与网络食品交易第三方平台提供者之间信息互通的网络食品安全监管系统，发展专业化的网络监管技术、建立专业化的监管人员队伍，研发食品安全快速检测技术，实现精准化抽检。

（1）政府各职能部门间实现资源共享、信息互通，形成跨部门的网络食品安全监管与风险监测体系，提高各部门行政执法的办事效率。政府各职能部门掌握着不同的信息，若能将这些信息整合起来充分利用，形成完整的网络食品安全监测信息网络，在进行网络食品抽检时，各部门就可以顺藤摸瓜，突破职能限制。工商部门可依据食品安全监管部门的抽查检测结果及时对违规企业进行惩治，避免违规企业的不合格食品对公众造成进一步影响，而食品安全监管部门则可利用入网食品生产经营者在工商部门登记的信息对疑似问题商家进行重点抽查，从而实现精准化抽检。

（2）政府各级监管部门之间实现数据共享、信息互通，形成跨地区的网络食品安全监管与风险监测体系。在网络食品安全监测上，地方与中央发挥着同等重要的作用。网络食品销售的跨地域性，地区间管辖权的分离与地区间各职能部门所掌握的信息不统一使得网络食品安全监管存在困难，信息互通的网络食品监管系统通过整合政府各级职能部门的资源与能力，突破了网络食品安全监管的局限，适应网络食品销售的特点。县级地方政府能深入监管盲点，排查无牌无照的黑心小作坊，省级国家级监管部门则可发挥技术与人力优势，构建以国家级监测机构为中心、地方级监测机构为基础的网络食品安全监测体系，同时加快省际网络食品安全监管互通，能够整合网络食品安全监管机构资源，实现对全国网络食品生产经营监测全覆盖，从而实现精准化抽检①。

（3）政府职能部门与网络食品交易第三方平台提供者通力合作，落实网络食品安全监测工作。网络食品交易第三方平台提供者掌握着入网食品生产经营者的大量信息，政府职能部门和第三方平台保持信息互联互通，可以补充入网食品生产经营者的信息空白，从而帮助政府职能部门更好地把握网络食品安全。监管部门可以利用第三方平台提供者提供的信息比对排查问题商家，对疑似问题商家进行重点抽查，从而提高抽检工作的精准性；工商部门可以利用第三方平台提供者提供的信息对无牌无照的经营者进行整治，规范网络食品销售市场；第三方平台提供者在接到政府监管部门的审查结果之后，立即禁止违规商家生产销售，从源头上打击食品安全违法行为。如此强化第三方平台提供者的法律责任，利用第三方平台的力量，推动实现精准化抽检。

（4）发展专业化的网络监管技术，建立专业化的监管人员队伍。整合网络食品交易产生的海量信息，建立网络食品生产经营数据库，并充分利用大数据、云计算等信息技术，对网络食品生产经营信息进行整合分析，形成一个信息分析能力与食品风险预警能力兼具的网络食品安全监管系统。建设一支兼具网络信息技术与食品监管能力的复合型人才队伍，不断优化网络食品安全监管系统，提高网络食品安全治理能力②。

（5）发展食品安全快速检测技术。食品安全快速检测技术指在短时间内用不同方法检测出食品质量是否符合标准，它操作简单、快速，同时能够提高检测的针对性，从而降低

① 程琳. 食药总局出招 网售食品将有"神秘买家"参与抽检《网络食品安全违法行为查处办法》发布10月1日正式实施. 食品安全导刊，2016（7Z）：6-9.
② 田一博. 当前网络食品安全问题及对策. 食品安全导刊，2017（3）：31-22.

检测的费用。随着网络食品安全问题越来越得到重视，网络食品抽检越来越频繁，快速检测技术将发挥巨大作用，政府部门需加强对快速检测技术的研究和扶持，建设快速检测实验室，引进快速检测设备，培养快速检测技术人才，加大财政支持，使快速检测技术尽快服务于网络食品安全检测，提高食品安全监管部门的检测能力[①]。快速检测技术对家庭同样有好处，食品安全直接影响着人们的身体健康，利用快速检测技术制造出家用的食品安全快速检测装置，让每个人都能够在家里轻松地亲自检测食品是否安全，符合人们的需求，并且如此一来，每个人都成了食品安全的把关者，有利于食品安全的发展。

12.2　网络食品安全标准的发展与趋势

网络食品安全是关系到人民健康和国计民生的大事。如何保障网络食品的安全，保护公众的身体健康，是政府当前的一项重要战略举措。建立和完善网络食品安全标准体系，是有效实施这一战略举措的重要技术支撑。

12.2.1　网络食品安全标准的无序性

从我国目前的食品安全标准体系来看，强制性标准与推荐性标准相结合，国家标准、行业标准、地方标准和企业标准相配套，形成了一个较为完整的标准体系，基本满足了食品安全控制与管理的目标和要求。前些年我国网络食品安全标准主要存在以下几方面的问题。

（1）标准总体水平偏低。改革开放后三十年，中国食品标准仅有过三次大范围的颁布和修订，根据《中华人民共和国标准化法实施条例》第二十条规定，标准复审周期一般不超过 5 年，而现行标准的标龄在 10 年以上的占了 1/4 左右，个别的标准甚至已超过 20 年未修订。特别针对网络食品安全标准的制定更是无从谈起。

（2）部分标准之间不协调，存在交叉，甚至互相矛盾。食品标准落后只是一方面，更让食品企业、研究者无所适从的是标准的"打架"。食品标准分为国家标准、行业标准、地方标准、企业标准四大类，主管部门各不相同，导致网络食品安全标准乃至几乎所有的食品安全标准在不同地方的标准定义不统一，出现相互矛盾的现象。

（3）重要标准滞后。20 世纪 80 年代末，中国开始逐步颁布各类卫生标准和行业标准，此前的国家标准很多是感官、净化指标。直到 2006 年才出台了《中华人民共和国农产品质量安全法》，紧接着 2009 年又出台了《食品安全法》，这才有了比较完整的食品安全标准。同时，随着 2015 年新的《食品安全法》和 2016 年的《网络食品安全违法行为查处办法》的相继出台，食品安全标准才进一步科学和统一，网络食品也才有了真正的较为完善的标准制定的法律参考。但对网络食品安全标准的制定依然相对滞后。

（4）部分标准的实施状况较差，甚至强制性标准也未得到很好的实施。食品标准多头重复，相互矛盾，造成食品生产流通领域秩序混乱的状况。

---

① 刘小兰. 基于网络销售的食品安全信号博弈分析. 农产品加工月刊，2015（9）：31-33.

12.2.2 网络食品安全标准的"严格化"趋势

网络食品安全标准是网络食品安全监管的技术依据,其制定由消费者和网络食品生产经营两个方面的需求决定,未来政府卫生部门和企业等应加强网络食品安全标准的完善,使标准的内容更加科学、合理。具体来说,网络食品安全标准有以下几个趋势。

(1)标准涵盖更广。针对网络食品安全重要标准短缺的现状,未来网络食品安全标准的制定涵盖面会更加广泛。网络食品不同于传统食品,从生产到销售到运输,供应链上的每个环节都与传统食品有较大的差异,且对网络食品安全都会产生影响。由于现有法律法规的不完善,网络食品生产者往往没有合格的食品生产许可证,其生产的网络食品安全难以保障;网络食品通过互联网电商平台销售,销售渠道特殊,具有虚拟性,不良商家容易利用销售渠道的弱点销售不合格的网络食品,威胁人们的健康;网络食品往往跨地域销售,运输环节在中间起到重要作用,而运输环节的卫生等问题也会影响网络食品安全。可见,网络食品的特殊性要求网络食品安全标准应该在现有的食品安全标准上,针对网络食品生产、销售、运输等环节的特征,增加相应的规范标准,同时调整相应的规范标准,从而规避供应链上各个环节可能出现的影响网络食品安全的状况。

(2)标准更高、更精细。中国现行食品安全标准总体水平偏低,复审周期过长,无法适应食品安全的要求。食品生产过程中使用违规添加剂往往能给食品生产者带来超额利润,在利益的驱动下,食品生产者有动力违反食品安全标准,而随着科学技术的进步,新型的手段开始出现,一些不法分子就利用食品安全标准的漏洞生产不合格的食品,危害人们的健康,网络食品利用互联网的隐蔽性更是成了食品安全的重灾区。这就要求未来要制定更精细、更高要求的网络食品安全标准,对网络销售的每一类食品都制定详细的安全标准,同时保证标准的及时更新和完善。其中应特别注意网售进口食品的安全标准,应以国家标准为先,严格限制符合国际标准但违反国家标准的进口食品进入市场。

(3)标准更统一、责任更明确。随着互联网技术的进一步发展,网络食品监管平台的建立,政府各职能部门间、政府各级部门间和政府与企业之间信息互通,制定更为统一、完善的标准成为可能。建立统一的网络食品安全标准,对于政府各级职能部门来说,能够明确各部门的职权范围和监管责任,落实全面的网络食品安全监管,同时,统一的网络食品安全标准作为各部门的行权依据,能够避免因标准不一而错抓、漏抓不合格的网络食品生产经营者;对于第三方平台提供者来说,建立全行业统一的网络食品安全标准,包括网络食品经营准入标准与网络食品经营退市标准,一方面能够改变第三方平台之间为抢占市场而降低市场准入标准使得不合格的经营者进入市场的现状,从入口把关网络食品安全,另一方面,能够对违反标准的经营者实施相应的处罚,将其移出第三方平台,从而规范市场;对于网络食品生产经营者来说,统一的网络食品安全标准作为经营者的责任和行为边界,能够起到警示作用,在一定程度上减少网络食品安全问题。

(4)网络食品安全标准成为一般性标准。随着网络食品在人们生活中的普及,保障网络食品安全将成为政府工作的一项重点,而网络食品安全标准成为一般性标准纳入法律体系是不可逆转的趋势,可使网络食品安全标准具备法律效力,能够进一步约束网络食品生产经营者的行为，进一步规范网络食品市场，进一步明确有关部门的责任。

12.3　网络食品物流系统的发展与趋势

网络食品与线下食品之间最大的区别在于其销售渠道特殊，具有非即时性、跨地域性的特点。物流作为网络食品供应链中的最后一个环节，是连接网络食品经营者和消费者的直接渠道，其对网络食品安全有着重要影响，有时候卖家发出的货是好的，消费者收到的货却是坏的，很多问题便出在物流环节上。当消费者收到损坏的食品时，往往不能判断是卖家发货时就已损坏还是在运输过程中发生的损坏，有些消费者会找卖家要求退换货，有些消费者则会选择大事化小小事化了，安全责任无法落实到个人，不利于维护消费者权益，也不利于网络食品市场的健康长久发展。可见，要真正做到让消费者买得放心、吃得放心，保障网络食品安全，就要依赖更安全、更专业化的物流系统。受物流系统影响最突出的网络食品当属生鲜食品和外卖食品，由于生鲜食品与外卖食品保质期短，对物流过程的硬性条件要求非常高，研究生鲜食品与外卖食品的未来发展趋势具有代表性。

12.3.1　网络食品物流系统的"高效化"趋势

网络食品的安全是保障公众健康的基本需求，针对现有网络食品物流系统的弊端进行改造，建立快速、安全的网络食品物流系统是发展的必然趋势。总的来说，未来网络食品物流系统将呈现四大特征。

（1）独立存在。当今网络食品物流系统与其他网络商品物流系统混杂，物流公司往往没有区分网络食品与其他网络商品，将两者放在一起运输、挑拣、配送。物流各个环节存在诸多安全隐患，即使是其他网络商品都可能在物流过程中遭到损坏，对于食品来说，运输环节可能发生的碰撞及不规范的挑拣点的暴力挑拣等情况更是会对网络食品安全造成威胁。建立独立的网络食品物流体系正是大势所趋，物流企业应该开设专门的网络食品运输渠道，区分网络食品与其他网络商品，避免其他网络商品与网络食品产生交叉污染。同时全行业应根据网络食品的特征制定严格的运输配送过程的操作规范，配合基础设施的大量投入，建立专业、安全的网络食品物流系统。

（2）量质齐升。随着互联网电商的进一步发展，网络食品物流系统将继续成为投资热点，而随着物流系统基础设施建设的投入增加及外部资金不断进入物流市场，快递快运、电商物流、冷链物流等网络食品物流系统将继续保持快速增长。目前物流市场尚未饱和，更多的物流企业将会涌现，其中专注于城市内配送的物流企业的增多将尤为明显，以适应传统超市、商场电商化对本地送货上门的需要，满足消费者对配送到家的需求。而市场竞争的加剧也会促使物流企业不断完善物流设施，升级物流信息系统，规范配送人员行为，从而提升自身物流能力和服务质量。未来网络食品将继续改变着人们的生活，成为大众不可或缺的食物来源，网络食品物流系统将对我国经济发挥越来越重要的作用，发展前景不可估量。

（3）基础更牢。随着网络食品物流系统的发展，与之相关的硬件和软件设施将会大量投入，网络食品从原材料采购到生产销售再到配送给消费者的整个过程中，基础设施将更加牢固，其中冷链建设的完善将是发展的重点。网络食品，特别是网售生鲜食品，对供应全过程的温度要求高，针对目前网络食品物流系统中真正实现冷链的环节仅限于冷冻加工和冷冻储藏两个环节的问题，冷链建设的完善将会通过加大对冷冻运输过程中冷藏车的建设投入，加大对线下配送门店冷藏柜的建设投入，保证网络食品从生产到送到消费者手中的每一刻都在严格的温度控制下，从而保障网络食品的安全。同时物流信息系统将更智能化，在实现对网络食品运输全过程的追踪的基础上，做到对运输过程各环节的监测，对运输过程中可能发生的问题设置预警系统。

（4）创新驱动物流业发展。网络食品电商的高速发展增加了对物流的需求，要想更好地服务于网络食品电商，物流行业必须适应互联网的发展，适应电商的特征，对现有的网络食品物流系统进行数字化改造。当前，物流系统已经实现了对网络食品运输全过程的追踪，未来物流系统还将完善监测和预警功能，控制物流每个环节的网络食品风险，保证网络食品在运输过程中的安全。数字化的网络食品物流系统能够帮助物流企业提高网络食品物流的能力和质量，从而降低因食品损坏带来的成本，这不仅符合网络食品安全和物流系统自身结构调整的需要，也是网络食品产业更新升级和社会发展的必然要求。

12.3.2　网络生鲜食品物流系统的低质性

网络购物的发展让在家吃遍世界美食变成了现实，网络生鲜食品因其便捷性、多样性深受消费者喜爱，网络生鲜食品需求大增的同时也暴露出了许多问题，最突出的便是生鲜食品在运输过程中发生损坏的问题。生鲜食品保质期短，对贮存环境要求高，在运输过程中非常容易发生质量问题，故生鲜食品物流要求高时效、低损耗、尽可能减少流通次数、控制运输过程中的贮存温度，以最大限度地保证生鲜食品的质量。

生鲜食品物流依赖于冷链物流，即冷藏冷冻类物品在生产、储藏运输、销售，到消费前的各个环节中始终处于规定的低温环境下，以保证物品质量和性能的一项系统工程。中国冷链物流起步晚，相较于欧美国家有较大差距，主要体现在冷藏车等基础设施的短缺与冷链流通率的低下。但由于近年来基础设施建设不断投入，外部资金不断涌入，中国冷链物流迅猛发展，且随着中国电商市场的快速扩张，冷链物流市场的需求也在迅速扩大[①]。

中国的冷链物流发展主要经过了两个阶段。传统的冷链物流为 B2B 模式，最常见的便是从供应商仓库到菜市场销售的整个过程，由于发展时间较长，基础设施相对完善，这种 B2B 模式现已发展得比较成熟。随着生鲜电商的发展，B2C、O2O 模式开始出现，一些生鲜电商通过自建物流完成生鲜食品从供应商到消费者之间的配送，运用这种模式，企业可以把控生鲜食品配送质量，提高配送速度，降低产品在运输过程中的损耗，从而提高用户体验，然而这要求企业在不同区域建立多个靠近市场的仓库和配送点，需要一大笔建设投入且运营成本很高。

近年来我国生鲜食品物流的发展还体现在其他方面，如下所示。

---

① 2016 年中国生鲜电商行业研究报告简版. 中文互联网数据资讯中心.（2016-07-04）: http://www.199it.com/archives/491525.html.

（1）政府监管的加强。政府部门过去往往重视网络食品生产销售环节的规范与安全，而忽视了物流环节可能产生的安全问题，随着生鲜食品物流重要性的显现，政府不断地完善相关法律法规，规范生鲜物流标准体系，包括加强对物流企业的资格审查，与生鲜物流行业探讨建立起全行业统一的生鲜物流标准体系，规范冷链建设标准与生鲜食品配送标准，加强对违反国家标准与行业标准的物流企业的监管与处罚，并通过互联网媒体等渠道公示监管处罚结果等。

（2）基础设施的完善。食品冷链基础设施主要包括食品加工环节的冷却与速冻装置、储藏环节的冷藏库与冷藏柜、运输环节的冷藏车与冷藏集装箱、销售环节的储藏库和陈列冰柜等，它们作为冷链物流发展的物质基础，保障冷链物流市场的持续稳定发展。中国冷链物流基础设施滞后，与快速发展的冷链物流市场不相匹配，为适应市场的发展，物流公司加大基础设施的投入，改变中国冷链物流基础设施滞后、分布失衡的现状。

（3）仓储＋配送模式的革新。当当网、京东的分布式仓库及就近原则的配送模式就是很好的例子，并且分布式仓储＋本地配送在将来也会是生鲜食品冷链物流的发展趋势。分布式仓储即将仓库设置在多个接近市场的地方，每个仓库备有一定存量的商品，一个订单产生后将自动告知离目的地最近的仓库安排配送，从而缩短配送时间，保证生鲜食品的质量，降低因生鲜损坏产生的成本。相对于集中式仓储，分布式仓储对于前期建设投入要求很高，且回收期长，但是随着经营者订单量的增多，规模效应的形成，商家对于自身供应链布局的谋划具备掌控与管理能力，分布式仓储会给生鲜食品物流发展带来巨大效益。物流行业作为服务业，在追求效益的同时也应该追求顾客体验的提升与优化，本地配送则通过与当地第三方物流企业合作，在保证生鲜食品配送及时的同时，也要保证生鲜食品能够送到顾客手上[①]。

中国生鲜食品物流发展至今，仍然存在诸多问题，主要体现在以下两方面。

（1）生鲜食品物流环节的保鲜不到位。大多数网络生鲜食品生产经营者声称的冷链运输实际上只是在发货时采用泡沫箱包装生鲜食品，然后选择顺丰快递等承接生鲜件的物流公司进行配送，而食品冷链是由冷冻加工、冷冻储藏、冷藏运输及配送、冷冻销售四个方面构成的，这种方式只在加工和仓储环节符合冷链的要求，在运输环节，生鲜食品还是处于常温环境中，即使有些经营者会用冰袋来保持包装盒内的低温，但冰袋的效果始终不如冷链的效果，故大多数经营者并没有真正地做到冷链运输。一些大型的生鲜电商能够建立起自家的生鲜运输队伍，做到"今日下单、次日送达"，保证了物流的时效性，但是运输成本太高。

（2）生鲜物流市场不规范，政府监管不力。一些不具备生鲜运输能力的物流公司虽明文规定不接受生鲜件，但在实际业务中，他们仍会接受生鲜件，并且与其他商品一起运输，运输过程中的温度控制、运达时间都难以保证，给生鲜食品安全埋下了重大安全隐患。

12.3.3　网络外卖食品物流系统的非规范性

网络订餐的快速发展给网络食品市场带来巨大收益的同时也给外卖食品安全带来了

---

① 2016 年中国生鲜电商行业研究报告简版. 中文互联网数据资讯中心. (2016-07-04): http://www.199it.com/archives/491525.html.

新的问题和挑战。一方面体现在生产制作环节操作的不规范，一些外卖食品制作场所虫蚁横飞，卫生状况极差；员工没有良好的卫生习惯，用洗厕所的抹布洗碗、用大锅洗拖把等新闻层出不穷；原材料贮存环境卫生不合格，受虫鼠蝇蚁污染；餐具清洗不彻底，一次性餐具不合格。类似的种种操作不规范问题严重影响着外卖食品的安全，而网络订餐第三方平台提供者对入驻的商家审查不严，导致一些黑心小作坊里制作的食品仍能在订餐平台上光明正大地销售。另一方面体现在配送环节的操作不规范，配送人员的个人卫生不达标，特别是手部卫生没有清洁到位会直接污染外卖食品；配送时碰上高温、暴雨等特殊天气，配送人员若不采取有效措施，外卖食品很容易滋生细菌，使外卖食品变质；配送人员送餐箱清洁不及时、不彻底会导致箱内细菌滋生，污染外卖食品。

　　不同于普通餐饮食品安全，配送环节的加入给外卖食品安全增加了诸多不确定因素，在网络订餐盛行的当下，针对外卖食品在配送环节的安全隐患，政府卫生监管部门、第三方平台与食品安全专业服务公司已联合探讨保障外卖食品安全的措施，从送餐箱的设计到配送人员的操作规范等各方面优化外卖食品物流[①]。

　　（1）要求采用便于清洁和消毒的、符合食品接触材料国际标准的送餐箱制作材料。外卖食品可能在配送过程中发生撒漏等情况，若不及时清洁，食物残渣将会堆积在角落滋生大量细菌，导致交叉污染。考虑到清洁和消毒的便利性，需要选择便于清洁和消毒的材料。

　　（2）要求送餐箱构造的设计要考虑食品兼容性，采用冷热分隔的内部结构，做好食品冷藏保温，实现送餐箱的温度分区，保证每样食品的质量，同时避免食品在配送过程中发生变质及交叉污染。

　　（3）政府卫生监管部门与第三方平台将探讨建立起行业统一且符合卫生安全标准的配送人员操作规范。要求配送人员注重个人卫生特别是手部卫生，在取餐前做好手部的清洁消毒，避免发生交叉污染；要求配送人员必须依法取得健康证明；要求配送人员对送餐箱进行定期清洁消毒，并实行送餐箱专用制度；定期对配送人员进行卫生健康知识教育，培养配送人员食品安全意识。

　　（4）明确外卖食品经营者的法律责任。要求外卖食品经营者使用符合标准的餐具、餐盒和包装材料，遵守有关法律法规对包装、运输食品的要求。

---

① 王翠竹，王崇民. 面对质疑，网络食品安全该何去何从？食品安全导刊，2017，（3）：18-23.

附 录 1

静态风险因素量化分值表

附表 1.1 食品、食品添加剂生产者静态风险因素量化分值表

序号	食品、食品添加剂类别	类别编号	类别名称	品种明细	食品风险等级	分值（S）
1	粮食加工品	0101	小麦粉	1. 通用（特制一等小麦粉、特制二等小麦粉、标准粉、普通粉、高筋小麦粉、低筋小麦粉、营养强化小麦粉、全麦粉、其他） 2. 专用[面包用小麦粉、面条用小麦粉、饺子用小麦粉、馒头用小麦粉、发酵饼干用小麦粉、酥性饼干用小麦粉、蛋糕用小麦粉、糕点用小麦粉、自发小麦粉、小麦胚（胚片、胚粉）、其他]	低（Ⅰ）	13.5
2	粮食加工品	0102	大米	大米（大米、糙米、其他）	低（Ⅰ）	13.5
3	粮食加工品	0103	挂面	1. 普通挂面 2. 花色挂面 3. 手工面	低（Ⅰ）	13.5
4	粮食加工品	0104	其他粮食加工品	1. 谷物加工品[高粱米、黍米、稷米、小米、黑米、紫米、红线米、小麦米、大麦米、裸大麦米、莜麦米（燕麦米）、荞麦米、薏仁米、蒸谷米、八宝米类、混合杂粮类、其他] 2. 谷物碾磨加工品[玉米糁、玉米粉、燕麦片、汤圆粉（糯米粉）、莜麦粉、玉米自发粉、小米粉、高粱粉、荞麦粉、大麦粉、青稞粉、杂面粉、大米粉、绿豆粉、黄豆粉、红豆粉、黑豆粉、豌豆粉、芸豆粉、蚕豆粉、黍米粉（大黄米粉）、稷米粉（糜子面）、混合杂粮粉、其他] 3. 谷物粉类制成品（生湿面制品、生干面制品、米粉制品、其他）	低（Ⅰ）	14.0
5	食用油、油脂及其制品	0201	食用植物油	食用植物油（菜籽油、大豆油、花生油、葵花籽油、棉籽油、亚麻籽油、油茶籽油、玉米油、米糠油、芝麻油、棕榈油、橄榄油、食用调和油、其他）	较低（Ⅱ）	18.0
6	食用油、油脂及其制品	0202	食用油脂制品	食用油脂制品[食用氢化油、人造奶油（人造黄油）、起酥油、代可可脂、植脂奶油、粉末油脂、植脂末]	较低（Ⅱ）	18.5
7	食用油、油脂及其制品	0203	食用动物油脂	食用动物油脂（猪油、牛油、羊油、鸡油、鸭油、鹅油、骨髓油、鱼油、其他）	较低（Ⅱ）	18.0
8	调味品	0301	酱油	1. 酿造酱油	较低（Ⅱ）	18.5
				2. 配制酱油	较低（Ⅱ）	19.0
9	调味品	0302	食醋	1. 酿造食醋	较低（Ⅱ）	18.0
				2. 配制食醋	较低（Ⅱ）	18.5
10	调味品	0303	味精	1. 谷氨酸钠（99%味精） 2. 加盐味精 3. 增鲜味精	低（Ⅰ）	14.0

序号	食品、食品添加剂类别	类别编号	类别名称	品种明细	食品风险等级	分值（S）
11	调味品	0304	酱类	酿造酱[稀甜面酱、甜面酱、大豆酱（黄酱）、蚕豆酱、豆瓣酱、大酱、其他]	较低（Ⅱ）	17.0
12	调味品	0305	调味料	1. 液体调味料（鸡汁调味料、牛肉汁调味料、烧烤汁、鲍鱼汁、香辛料调味汁、糟卤、调味料酒、液态复合调味料、其他） 2. 半固态（酱）调味料[花生酱、芝麻酱、辣椒酱、番茄酱、风味酱、芥末酱、咖喱卤、油辣椒、火锅蘸料、火锅底料、排骨酱、叉烧酱、香辛料酱（泥）、复合调味酱、其他] 4. 食用调味油（香辛料调味油、复合调味油、其他） 5. 水产调味料（蚝油、鱼露、虾酱、鱼子酱、虾油、其他）	较低（Ⅱ）	18.0
				3. 固态调味料[鸡精调味料、鸡粉调味料、畜（禽）粉调味料、风味汤料、酱油粉、食醋粉、酱粉、咖喱粉、香辛料粉、复合调味粉、其他]	较低（Ⅱ）	17.0
13	肉制品	0401	热加工熟肉制品	1. 酱卤肉制品（酱卤肉类、糟肉类、白煮类、其他）	高（Ⅳ）	26.0
				2. 熏烧烤肉制品（熏肉、烤肉、烤鸡腿、烤鸭、叉烧肉、其他） 3. 肉灌制品（灌肠类、西式火腿、其他） 4. 油炸肉制品（炸鸡翅、炸肉丸、其他） 5. 熟肉干制品（肉松类、肉干类、肉脯、其他）	高（Ⅳ）	25.5
				6. 其他熟肉制品（肉冻类、血豆腐、其他）	高（Ⅳ）	26.5
14	肉制品	0402	发酵肉制品	1. 发酵灌制品 2. 发酵火腿制品	高（Ⅳ）	25.5
15	肉制品	0403	预制调理肉制品	1. 冷藏预制调理肉类 2. 冷冻预制调理肉类	高（Ⅳ）	26.5
16	肉制品	0404	腌腊肉制品	1. 肉灌制品 2. 腊肉制品 3. 火腿制品 4. 其他肉制品	中等（Ⅲ）	23.0
17	乳制品	0501	液体乳	1. 巴氏杀菌乳 2. 调制乳	高（Ⅳ）	27.0
				3. 灭菌乳	高（Ⅳ）	26.0
				4. 发酵乳	高（Ⅳ）	28.0
18	乳制品	0502	乳粉	1. 全脂乳粉 2. 脱脂乳粉 3. 部分脱脂乳粉 4. 调制乳粉 5. 牛初乳粉 6. 乳清粉	高（Ⅳ）	28.0
19	乳制品	0503	其他乳制品	1. 炼乳 2. 奶油 3. 稀奶油 4. 无水奶油 5. 干酪 6. 再制干酪 7. 特色乳制品	高（Ⅳ）	26.5

续表

序号	食品、食品添加剂类别	类别编号	类别名称	品种明细	食品风险等级	分值（S）
20	饮料	0601	瓶（桶）装饮用水	1. 饮用天然矿泉水 2. 包装饮用水（饮用纯净水、饮用天然泉水、饮用天然水、其他饮用水）	中等（Ⅲ）	22.5
21	饮料	0602	碳酸饮料（汽水）	碳酸饮料（汽水）（果汁型碳酸饮料、果味型碳酸饮料、可乐型碳酸饮料、其他型碳酸饮料）	较低（Ⅱ）	19.5
22	饮料	0603	茶（类）饮料	1. 原茶汁（茶汤） 2. 茶浓缩液 3. 茶饮料 4. 果汁茶饮料 5. 奶茶饮料 6. 复合茶饮料 7. 混合茶饮料 8. 其他茶（类）饮料	较低（Ⅱ）	19.5
23	饮料	0604	果蔬汁类及其饮料	1. 果蔬汁（浆）[原榨果汁（非复原果汁）、果汁（复原果汁）、蔬菜汁、果浆、蔬菜浆、复合果蔬汁、复合果蔬浆、其他] 2. 浓缩果蔬汁（浆） 3. 果蔬汁（浆）类饮料（果蔬汁饮料、果肉饮料、果浆饮料、复合果蔬汁饮料、果蔬汁饮料浓浆、发酵果蔬汁饮料、水果饮料、其他）	中等（Ⅲ）	22.5
24	饮料	0605	蛋白饮料	1. 含乳饮料 2. 植物蛋白饮料 3. 复合蛋白饮料	中等（Ⅲ）	22.5
25	饮料	0606	固体饮料	1. 风味固体饮料 2. 蛋白固体饮料 3. 果蔬固体饮料 4. 茶固体饮料 5. 咖啡固体饮料 6. 可可粉固体饮料 7. 其他固体饮料（植物固体饮料、谷物固体饮料、营养素固体饮料、食用菌固体饮料、其他）	较低（Ⅱ）	19.5
26	饮料	0607	其他饮料	1. 咖啡（类）饮料 2. 植物饮料 3. 风味饮料 4. 运动饮料 5. 营养素饮料 6. 能量饮料 7. 电解质饮料 8. 饮料浓浆 9. 其他类饮料	较低（Ⅱ）	19.5
27	方便食品	0701	方便面	1. 油炸方便面 2. 热风干燥方便面 3. 其他方便面	较低（Ⅱ）	19.5
28	方便食品	0702	其他方便食品	1. 主食类（方便米饭、方便粥、方便米粉、方便米线、方便粉丝、方便湿米粉、方便豆花、方便湿面、凉粉、其他） 2. 冲调类（麦片、黑芝麻糊、红枣羹、油茶、即食谷物粉、其他）	较低（Ⅱ）	19.5

序号	食品、食品添加剂类别	类别编号	类别名称	品种明细	食品风险等级	分值（S）
29	方便食品	0703	调味面制品	调味面制品	较低（Ⅱ）	19.5
30	饼干	0801	饼干	饼干[酥性饼干、韧性饼干、发酵饼干、压缩饼干、曲奇饼干、夹心饼干、威化饼干、蛋圆饼干、蛋卷、煎饼、装饰饼干、水泡饼干、其他饼干]	较低（Ⅱ）	17.5
31	罐头	0901	畜禽水产罐头	畜禽水产罐头（火腿类罐头、肉类罐头、牛肉罐头、羊肉罐头、鱼类罐头、禽类罐头、肉酱类罐头、其他）	中等（Ⅲ）	21.0
32	罐头	0902	果蔬罐头	1. 水果罐头（桃罐头、橘子罐头、菠萝罐头、荔枝罐头、梨罐头、其他） 2. 蔬菜罐头（食用菌罐头、竹笋罐头、莲藕罐头、番茄罐头、其他）	较低（Ⅱ）	17.0
33	罐头	0903	其他罐头	其他罐头（果仁类罐头、八宝粥罐头、其他）	较低（Ⅱ）	17.0
34	冷冻饮品	1001	冷冻饮品	1. 冰淇淋 2. 雪糕 3. 雪泥 4. 冰棍	高（Ⅳ）	25.5
				5. 食用冰 6. 甜味冰	较低（Ⅱ）	19.0
35	速冻食品	1101	速冻面米食品	1. 生制品（速冻饺子、速冻包子、速冻汤圆、速冻粽子、速冻面点、速冻其他面米制品、其他）	较低（Ⅱ）	19.5
				2. 熟制品（速冻饺子、速冻包子、速冻粽子、速冻其他面米制品、其他）	较低（Ⅱ）	20.0
36	速冻食品	1102	速冻调制食品	1. 生制品（具体品种明细） 2. 熟制品（具体品种明细）	中等（Ⅲ）	24.0
37	速冻食品	1103	速冻其他食品	1. 速冻肉制品	中等（Ⅲ）	24.0
38	速冻食品	1103	速冻其他食品	2. 速冻果蔬制品	较低（Ⅱ）	19.0
39	薯类和膨化食品	1201	膨化食品	1. 焙烤型 2. 油炸型 3. 直接挤压型 4. 花色型	较低（Ⅱ）	19.0
40	薯类和膨化食品	1202	薯类食品	1. 干制薯类 2. 冷冻薯类 3. 薯泥（酱）类 4. 薯粉类 5. 其他薯类	较低（Ⅱ）	18.0
41	糖果制品	1301	糖果	1. 硬质糖果 2. 奶糖糖果 3. 夹心糖果 4. 酥质糖果 5. 焦香糖果（太妃糖果） 6. 充气糖果 7. 凝胶糖果 8. 胶基糖果 9. 压片糖果 10. 流质糖果 11. 膜片糖果 12. 花式糖果 13. 其他糖果	较低（Ⅱ）	17.5

续表

序号	食品、食品添加剂类别	类别编号	类别名称	品种明细	食品风险等级	分值（S）
42	糖果制品	1302	巧克力及巧克力制品	1. 巧克力 2. 巧克力制品	较低（Ⅱ）	18.0
43	糖果制品	1303	代可脂巧克力及代可脂巧克力制品	1. 代可脂巧克力 2. 代可脂巧克力制品	较低（Ⅱ）	18.0
44	糖果制品	1304	果冻	果冻（果汁型果冻、果肉型果冻、果味型果冻、含乳型果冻、其他型果冻）	中等（Ⅲ）	20.5
45	茶叶及相关制品	1401	茶叶	1. 绿茶（龙井茶、珠茶、黄山毛峰、都匀毛尖、其他） 2. 红茶（祁门工夫红茶、小种红茶、红碎茶、其他） 3. 乌龙茶（铁观音茶、武夷岩茶、凤凰单枞茶、其他） 4. 白茶（白毫银针茶、白牡丹茶、贡眉茶、其他） 5. 黄茶（蒙顶黄芽茶、霍山黄芽茶、君山银针茶、其他） 6. 黑茶[普洱茶（熟茶）散茶、六堡茶散茶、其他] 7. 花茶（茉莉花茶、珠兰花茶、桂花茶、其他） 8. 袋泡茶（绿茶袋泡茶、红茶袋泡茶、花茶袋泡茶、其他） 9. 紧压茶[普洱茶（生茶）紧压茶、普洱茶（熟茶）紧压茶、六堡茶紧压茶、白茶紧压茶、其他]	较低（Ⅱ）	15.5
46	茶叶及相关制品	1402	边销茶	边销茶（花砖茶、黑砖茶、茯砖茶、康砖茶、沱茶、紧茶、金尖茶、米砖茶、青砖茶、方包茶、其他）	较低（Ⅱ）	15.5
47	茶叶及相关制品	1403	茶制品	1. 茶粉（绿茶粉、红茶粉、其他） 2. 固态速溶茶（速溶红茶、速溶绿茶、其他） 3. 茶浓缩液（红茶浓缩液、绿茶浓缩液、其他） 4. 茶膏（普洱茶膏、黑茶膏、其他） 5. 调味茶制品（调味茶粉、调味速溶茶、调味茶浓缩液、调味茶膏、其他） 6. 其他茶制品（表没食子儿茶素没食子酸酯、绿茶茶氨酸、其他）	较低（Ⅱ）	16.0
48	茶叶及相关制品	1404	调味茶	1. 加料调味茶（八宝茶、三泡台、枸杞绿茶、玄米绿茶、其他） 2. 加香调味茶（柠檬红茶、草莓绿茶、其他） 3. 混合调味茶（柠檬枸杞茶、其他） 4. 袋泡调味茶（玫瑰袋泡红茶、其他） 5. 紧压调味茶（荷叶茯砖茶、其他）	较低（Ⅱ）	16.0
49	茶叶及相关制品	1405	代用茶	1. 叶类代用茶（荷叶、桑叶、薄荷叶、苦丁茶、其他） 2. 花类代用茶（杭白菊、金银花、重瓣红玫瑰、其他） 3. 果实类代用茶（大麦茶、枸杞子、决明子、苦瓜片、罗汉果、柠檬片、其他） 4. 根茎类代用茶[甘草、牛蒡根、人参（人工种植）、其他] 5. 混合类代用茶（荷叶玫瑰茶、枸杞菊花茶、其他） 6. 袋泡代用茶（荷叶袋泡茶、桑叶袋泡茶、其他） 7. 紧压代用茶（紧压菊花、其他）	较低（Ⅱ）	16.0
50	酒类	1501	白酒	1. 白酒	较低（Ⅱ）	19.5
				2. 白酒（液态） 3. 白酒（原酒）	中等（Ⅲ）	21.0
51	酒类	1502	葡萄酒及果酒	1. 葡萄酒（原酒、加工灌装） 2. 冰葡萄酒（原酒、加工灌装） 3. 其他特种葡萄酒（原酒、加工灌装） 4. 发酵型果酒（原酒、加工灌装）	中等（Ⅲ）	20.5

序号	食品、食品添加剂类别	类别编号	类别名称	品种明细	食品风险等级	分值（S）
52	酒类	1503	啤酒	1. 熟啤酒 2. 生啤酒 3. 鲜啤酒 4. 特种啤酒	较低（Ⅱ）	19.5
53	酒类	1504	黄酒	黄酒（原酒、加工灌装）	较低（Ⅱ）	19.5
54	酒类	1505	其他酒	1. 配制酒（露酒、枸杞酒、枇杷酒、其他） 2. 其他蒸馏酒（白兰地、威士忌、俄得克、朗姆酒、水果白兰地、水果蒸馏酒、其他） 3. 其他发酵酒[清酒、米酒（醪糟）、奶酒、其他]	较低（Ⅱ）	19.5
55	酒类	1506	食用酒精	食用酒精	较低（Ⅱ）	16.0
56	蔬菜制品	1601	酱腌菜	酱腌菜（调味榨菜、腌萝卜、腌豇豆、酱渍菜、虾油渍菜、盐水渍菜、其他）	中等（Ⅲ）	22.5
57	蔬菜制品	1602	蔬菜干制品	1. 自然干制蔬菜 2. 热风干燥蔬菜 3. 冷冻干燥蔬菜 4. 蔬菜脆片 5. 蔬菜粉及制品	较低（Ⅱ）	16.0
58	蔬菜制品	1603	食用菌制品	1. 干制食用菌 2. 腌渍食用菌	较低（Ⅱ）	16.0
59	蔬菜制品	1604	其他蔬菜制品	其他蔬菜制品	较低（Ⅱ）	16.0
60	水果制品	1701	蜜饯	1. 蜜饯类 2. 凉果类 3. 果脯类 4. 话化类 5. 果丹（饼）类 6. 果糕类	中等（Ⅲ）	20.5
61	水果制品	1702	水果制品	1. 水果干制品（葡萄干、水果脆片、荔枝干、桂圆、椰干、大枣干制品、其他） 2. 果酱（苹果酱、草莓酱、蓝莓酱、其他）	较低（Ⅱ）	20.0
62	炒货食品及坚果制品	1801	炒货食品及坚果制品	1. 烘炒类（炒瓜子、炒花生、炒豌豆、其他） 2. 油炸类（油炸青豆、油炸琥珀桃仁、其他） 3. 其他类（水煮花生、糖炒花生、糖炒瓜子仁、裹衣花生、咸干花生、其他）	较低（Ⅱ）	17.0
63	蛋制品	1901	蛋制品	1. 再制蛋类（皮蛋、咸蛋、糟蛋、卤蛋、咸蛋黄、其他） 2. 干蛋类（巴氏杀菌鸡全蛋粉、鸡蛋黄粉、鸡蛋白片、其他） 3. 冰蛋类（巴氏杀菌冻鸡全蛋、冻鸡蛋黄、冰鸡蛋白、其他） 4. 其他类（热凝固蛋制品、蛋黄酱、色拉酱、其他）	较低（Ⅱ）	17.5
64	可可及焙烤咖啡产品	2001	可可制品	可可制品（可可粉、可可脂、可可液块、可可饼块、其他）	低（Ⅰ）	14.5
65	可可及焙烤咖啡产品	2002	焙炒咖啡	焙炒咖啡（焙炒咖啡豆、咖啡粉、其他）	低（Ⅰ）	14.0

续表

序号	食品、食品添加剂类别	类别编号	类别名称	品种明细	食品风险等级	分值（S）
66	食糖	2101	糖	1. 白砂糖 2. 绵白糖 3. 赤砂糖 4. 冰糖（单晶体冰糖、多晶体冰糖） 5. 方糖 6. 冰片糖 7. 红糖 8. 其他糖（具体品种明细）	低（Ⅰ）	14.0
67	水产制品	2201	非即食水产品	1. 干制水产品（虾米、虾皮、干贝、鱼干、鱿鱼干、干燥裙带菜、干海带、紫菜、干海参、干鲍鱼、其他） 2. 盐渍水产品（盐渍海带、盐渍裙带菜、盐渍海蜇皮、盐渍海蜇头、盐渍鱼、其他） 3. 鱼糜制品（鱼丸、虾丸、墨鱼丸、其他） 4. 水生动物油脂及制品 5. 其他水产品	中等（Ⅲ）	20.5
68	水产制品	2202	即食水产品	1. 风味熟制水产品（烤鱼片、鱿鱼丝、熏鱼、鱼松、炸鱼、即食鲍鱼、其他） 2. 生食水产品（醉虾、醉泥螺、醉蚶、蟹酱（糊）、生鱼片、生螺片、海蜇丝、其他）	中等（Ⅲ）	21.0
69	淀粉及淀粉制品	2301	淀粉及淀粉制品	1. 淀粉[谷类淀粉（大米、玉米、高粱、麦、其他）、薯类淀粉（木薯、马铃薯、甘薯、芋头、其他）、豆类淀粉（绿豆、蚕豆、豇豆、豌豆、其他）、其他淀粉（藕、荸荠、百合、蕨根、其他）] 2. 淀粉制品（粉丝、粉条、粉皮、虾片、其他）	较低（Ⅱ）	15.5
70	淀粉及淀粉制品	2302	淀粉糖	淀粉糖（葡萄糖、饴糖、麦芽糖、异构化糖、低聚异麦芽糖、果葡糖浆、麦芽糊精、葡萄糖浆、其他）	低（Ⅰ）	14.5
71	糕点	2401	热加工糕点	1. 烘烤类糕点（酥类、松酥类、松脆类、酥层类、酥皮类、松酥皮类、糖浆类、硬皮类、水油类、发酵类、烤蛋糕类、烘糕类、烫面类、其他类） 2. 油炸类糕点（酥皮类、水油皮类、松酥类、酥层类、水调类、发酵类、其他类） 3. 蒸煮类糕点（蒸蛋糕类、印模糕类、韧糕类、发酵类、松糕类、粽子类、水油皮类、片糕类、其他类） 4. 炒制类糕点 5. 其他类[发酵面制品（馒头、花卷、包子、豆包、饺子、发糕、馅饼、其他）、油炸面制品（油条、油饼、炸糕、其他）、非发酵面米制品（窝头、烙饼、其他）、其他]	中等（Ⅲ）	24.5
72	糕点	2402	冷加工糕点	1. 熟粉糕点（热调软糕类、冷调韧糕类、冷调松糕类、印模糕类、挤压糕点类、其他类） 2. 西式装饰蛋糕类 3. 上糖浆类 4. 夹心（注心）类 5. 糕团类 6. 其他类	中等（Ⅲ）	22.5
73	糕点	2403	食品馅料	食品馅料（月饼馅料、其他）	中等（Ⅲ）	24.5
74	豆制品	2501	豆制品	1. 发酵性豆制品[腐乳（红腐乳、酱腐乳、白腐乳、青腐乳）、豆豉、纳豆、豆汁、其他]	中等（Ⅲ）	20.5
				2. 非发酵性豆制品（豆浆、豆腐、豆腐泡、熏干、豆腐脑、豆腐干、腐竹、豆腐皮、其他） 3. 其他豆制品（素肉、大豆组织蛋白、膨化豆制品、其他）	中等（Ⅲ）	21.0

序号	食品、食品添加剂类别	类别编号	类别名称	品种明细	食品风险等级	分值(S)
75	蜂产品	2601	蜂蜜	蜂蜜	中等（III）	20.5
76	蜂产品	2602	蜂王浆（含蜂王浆冻干品）	蜂王浆、蜂王浆冻干品	中等（III）	20.5
77	蜂产品	2603	蜂花粉	蜂花粉	中等（III）	20.5
78	蜂产品	2604	蜂产品制品	蜂产品制品	中等（III）	20.5
79	保健食品	2701	保健食品	保健食品产品名称	高（IV）	—
80	特殊医学用途配方食品	2801	特殊医学用途配方食品	1. 全营养配方食品 2. 特定全营养配方食品（糖尿病全营养配方食品、呼吸系统病全营养配方食品、肾病全营养配方食品、肿瘤全营养配方食品、肝病全营养配方食品、肌肉衰减综合征全营养配方食品，创伤、感染、手术及其他应激状态全营养配方食品、炎性肠病全营养配方食品、胃肠道吸收障碍、胰腺炎全营养配方食品、脂肪酸代谢异常全营养配方食品，肥胖、减脂手术全营养配方食品）	—	—
81	特殊医学用途配方食品	2802	特殊医学用途婴儿配方食品	特殊医学用途婴儿配方食品（无乳糖配方或低乳糖配方、乳蛋白部分水解配方、乳蛋白深度水解配方或氨基酸配方、早产/低出生体重婴儿配方、氨基酸代谢障碍配方、母乳营养补充剂）	—	—
82	婴幼儿配方食品	2901	婴幼儿配方乳粉	1. 婴儿配方乳粉（湿法工艺、干法工艺、干湿法复合工艺） 2. 较大婴儿配方乳粉（湿法工艺、干法工艺、干湿法复合工艺） 3. 幼儿配方乳粉（湿法工艺、干法工艺、干湿法复合工艺）	高（IV）	31.5
83	特殊膳食食品	3001	婴幼儿谷类辅助食品	1. 婴幼儿谷物辅助食品（婴幼儿米粉、婴幼儿小米米粉、其他） 2. 婴幼儿高蛋白谷物辅助食品（高蛋白婴幼儿米粉、高蛋白婴幼儿小米米粉、其他） 3. 婴幼儿生制类谷物辅助食品（婴幼儿面条、婴幼儿颗粒面、其他） 4. 婴幼儿饼干或其他婴幼儿谷物辅助食品（婴幼儿饼干、婴幼儿米饼、婴幼儿磨牙棒、其他）	高（IV）	30.0
84	特殊膳食食品	3002	婴幼儿罐装辅助食品	1. 泥（糊）状罐装食品（婴幼儿果蔬泥、婴幼儿肉泥、婴幼儿鱼泥、其他） 2. 颗粒状罐装食品（婴幼儿颗粒果蔬泥、婴幼儿颗粒肉泥、婴幼儿颗粒鱼泥、其他） 3. 汁类罐装食品（婴幼儿水果汁、婴幼儿蔬菜汁、其他）	高（IV）	30.0
85	特殊膳食食品	3003	其他特殊膳食食品	其他特殊膳食食品（辅助营养补充品、其他）	高（IV）	30.0
86	其他食品	3101	其他食品	其他食品（具体品种明细）	低（I）	14.5
87	食品添加剂	3201	食品添加剂	食品添加剂产品名称（使用 GB2760、GB14880 或卫计委公告规定的食品添加剂名称；标准中对不同工艺有明确规定的应当在括号中标明；不包括食品用香精和复配食品添加剂）	较低（II）	17.5

序号	食品、食品添加剂类别	类别编号	类别名称	品种明细	食品风险等级	分值(S)
88	食品用香精	3202	食品用香精	食品用香精[液体、乳化、浆（膏）状、粉末（拌和、胶囊）]	较低（Ⅱ）	17.5
89	复配食品添加剂	3203	复配食品添加剂	复配食品添加剂明细（使用 GB 26687 规定的名称）	中等（Ⅲ）	20.5

附表 1.2　食品、食品添加剂静态风险因素量化分值确定方法

序号	食品种类	主要食品原料属性	食品配方复杂程度	使用食品添加剂多少	生产工艺复杂程度	食品贮存条件要求及保质期	抽检发现的问题	食用人群	社会关注程度	总分(S)	食品风险等级
1											
2											
3											
4											
5											
⋮											

注：省级食药监部门可组织相关监管人员、技术专家从以上 8 个要素对 31 类食品进行打分评价（每个要素 5 分）。计算每类食品的平均得分，并可参考以下原则划分食品风险等级。

0～15（含）分：Ⅰ；

15～20（含）分：Ⅱ；

20～25（含）分：Ⅲ；

25～40 分：Ⅳ

附表 1.3　食品企业静态风险因素量化分值表

评分项（共 40 分）			参考分值					得分
（1）食品经营场所面积（4 分）		面积	200 及以下	201～1000	1001～2000	2001～3000	3000 以上	
		分值	1 分	2 分	2.5 分	3 分	4 分	
预包装食品单品数（12 分）	常温（2 分）	数量	500 及以下	501～2000	2001～5000	5001～10000	10000 以上	
		分值	0.5 分	1 分	1.2 分	1.5 分	2 分	
	冷藏（7 分）	数量	100 及以下	101～300	301～600	601～1000	1000 以上	
		分值	1 分	3 分	4 分	5 分	7 分	
	冷冻（3 分）	数量	100 及以下	101～300	301～600	601～1000	1000 以上	
		分值	1 分	1.5 分	2 分	2.5 分	3 分	
散装食品单品数（18 分）	常温（5 分）	数量	100 及以下	101～300	301～600	601～1000	1000 以上	
		分值	1 分	1.5 分	2 分	3 分	5 分	
	冷藏（9 分）	数量	30 及以下	30～50	51～100	101～150	150 以上	
		分值	6 分	6.5 分	7 分	8 分	9 分	
	冷冻（4 分）	数量	50 及以下	51～100	101～200	201～300	300 以上	
		分值	1 分	2 分	2.5 分	3 分	4 分	

续表

评分项（共 40 分）		参考分值					得分
供货者数量（6 分）	数量	50 及以下	51~100	101~200	201~300	300 以上	
	分值	2 分	3 分	4 分	5 分	6 分	
得分总和							

注：各评分总和为 40 分，评分项因实际情况缺项的，得分为"0"。

含进货查验、食品贮存、食品内部运输、食品陈列展售场所的面积总和。

各数值均为整数，如果有小数，四舍五入取整。数量单位：个，面积单位：m²。

单品数：不含制作过程中各类食品原料和半成品数量，指独立展售食品的品种数

附表 1.4　餐饮服务提供者静态风险因素量化分值表

评分项（共 40 分）			参考分值					得分
业态和规模（10 分）	餐饮服务提供者	规模	面积 150m² 及以下	面积 151~500m²	面积 501~1000m²	面积 1001~3000m²	面积 3001m² 及以上	
		分值	2 分	4 分	6 分	8 分	10 分	
	学校、托幼机构等单位食堂	规模	供餐人数 50 人及以下	供餐人数 51~300 人	供餐人数 301~500 人		供餐人数 501 及以上	
		分值	2 分	4 分	7 分		10 分	
	集体用餐配送单位	规模	供餐人数 50 人及以下	供餐人数 51~100 人	供餐人数 101~300 人		供餐人数 301 人及以上	
		分值	2 分	4 分	7 分		10 分	
	中央厨房	规模	配送门店 1~5 家	配送门店 6~10 家	配送门店 11~20 家		配送门店 21 家及以上	
		分值	2 分	4 分	7 分		10 分	
制作食品的类别和数量（30 分）	冷食类食品制售（8 分）	单品数（4 分）	数量	1~10	11~20	21~40	41 及以上	
			分值	2 分	2.5 分	3 分	4 分	
		含易腐原料（4 分）	数量	1~10	11~15	16~20	21 及以上	
			分值	2 分	2.5 分	3 分	4 分	
	生食类食品制售（8 分）	单品数（8 分）	数量	1~10		11~20	21 及以上	
			分值	4 分		6 分	8 分	
	糕点类食品制售，包括裱花蛋糕（6 分）	单品数（2 分）	数量	1~20		21~40	41 及以上	
			分值	1 分		1.5 分	2 分	
		含易腐原料（4 分）	数量	1~10		11~20	21 及以上	
			分值	2 分		3 分	4 分	
	热食类食品制售（4 分）	单品数（2 分）	数量	1~30	31~100	101~200	201 及以上	
			分值	0.5 分	1 分	1.5 分	2 分	
		含易腐原料（2 分）	数量	1~20	21~50	51~80	81 及以上	
			分值	0.5 分	1 分	1.5 分	2 分	

续表

评分项（共40分）			参考分值					得分
制作食品的类别和数量（30分）	自制饮品制售（2分）	单品数（2分）	数量	1～5	6～10	11～20	21及以上	
			分值	0.5分	1分	1.5分	2分	
	其他类食品制售（2分）	单品数（2分）	数量	1～5	6～10	11～20	21及以上	
			分值	0.5分	1分	1.5分	2分	
得分总和								

注：各项评分总和为40分。因实际情况存在缺项情形的，该项评分为"0"。

数量单位为个。

单品数是指餐饮服务提供者的最新菜单中所展示的独立销售的食品品种数，不含制作过程中各类食品原料和半成品数量。

具有热食、冷食、生食等多种情形，难以明确归类的食品，可按食品风险等级最高的情形进行归类。

易腐原料是指蛋白质或碳水化合物含量较高，通常 pH 大于 4.6 且水分活度大于 0.85，需要控制温度和时间以防止腐败变质和细菌生长、繁殖、产毒的食品，如乳、蛋、禽、畜、水产品等动物源性食品（含）及豆制品等。

附　录　2

附表 2.1　动态风险因素量化分值表

检查项目	序号	检查内容	评价	分值
食品通用检查项目（34 项）				
1. 经营资质	1.1	经营者持有的食品经营许可证是否合法有效。	□是 □否	0.5
	1.2	食品经营许可证载明的有关内容与实际经营是否相符。	□是 □否	0.5
2. 经营条件	2.1	是否具有与经营的食品品种、数量相适应的场所。	□是 □否	0.5
	2.2	经营场所环境是否整洁，是否与污染源保持规定的距离。	□是 □否	0.5
	2.3	是否具有与经营的食品品种、数量相适应的生产经营设备或者设施。	□是 □否	0.5
3. 食品标签等外观质量状况	3.1	检查的食品是否在保质期内。	□是 □否	1.0
	3.2	检查的食品感官性状是否正常。	□是 □否	1.0
	3.3	经营的肉及肉制品是否具有检验检疫证明。	□是 □否	1.0
	3.4	检查的食品是否符合国家为防病等特殊需要的要求。	□是 □否	0.5
	3.5	经营的预包装食品、食品添加剂的包装上是否有标签，标签标明的内容是否符合食品安全法等法律法规的规定。	□是 □否	1.0
	3.6	经营的食品的标签、说明书是否清楚、明显，生产日期、保质期等事项是否显著标注，容易辨识。	□是 □否	0.5
	3.7	销售散装食品，是否在散装食品的容器、外包装上标明食品的名称、生产日期或者生产批号、保质期以及生产经营者名称、地址、联系方式等内容。	□是 □否	1.0
	3.8	经营食品标签、说明书是否涉及疾病预防、治疗功能。	□是 □否	0.5
	3.9	经营场所设置或摆放的食品广告的内容是否涉及疾病预防、治疗功能。	□是 □否	0.5
	3.10	经营的进口预包装食品是否有中文标签，并载明食品的原产地以及境内代理商的名称、地址、联系方式。	□是 □否	1.0
	3.11	经营的进口预包装食品是否有国家出入境检验检疫部门出具的入境货物检验检疫证明。	□是 □否	1.0
4. 食品安全管理机构和人员	4.1	食品经营企业是否有专职或者兼职的食品安全专业技术人员、食品安全管理人员和保证食品安全的规章制度。	□是 □否	0.5
	4.2	食品经营企业是否有食品安全管理人员。	□是 □否	0.5
	4.3	食品经营企业是否存在经食品药品监管部门抽查考核不合格的食品安全管理人员在岗从事食品安全管理工作的情况。	□是 □否	0.5
5. 从业人员管理	5.1	食品经营者是否建立从业人员健康管理制度。	□是 □否	0.5
	5.2	在岗从事接触直接入口食品工作的食品经营人员是否取得健康证明。	□是 □否	0.5
	5.3	在岗从事接触直接入口食品工作的食品经营人员是否存在患有国务院卫生行政部门规定的有碍食品安全疾病的情况。	□是 □否	0.5

续表

检查项目	序号	检查内容	评价	分值
5. 从业人员管理	5.4	食品经营企业是否对职工进行食品安全知识培训和考核。	□是 □否	0.5
6. 经营过程控制情况	6.1	是否按要求贮存食品。	□是 □否	1.0
	6.2	是否定期检查库存食品，及时清理变质或者超过保质期的食品。	□是 □否	0.5
	6.3	食品经营者是否按照食品标签标示的警示标志、警示说明或者注意事项的要求贮存和销售食品。对经营过程中温度、湿度要求的食品的，是否有保证食品安全所需的温度、湿度等特殊要求的设备，并按要求贮存。	□是 □否	1.0
	6.4	食品经营者是否建立食品安全自查制度，定期对食品安全状况进行检查评价。	□是 □否	0.5
	6.5	发生食品安全事故的，是否建立和保存处置食品安全事故记录，是否按规定上报所在地食品药品监督部门。	□是 □否	0.5
	6.6	食品经营者采购食品（食品添加剂），是否查验供货者的许可证和食品出厂检验合格证或者其他合格证明（以下称合格证明文件）。	□是 □否	1.0
	6.7	是否建立食用农产品进货查验记录制度，如实记录食用农产品的名称、数量、进货日期以及供货者名称、地址、联系方式等内容，并保存相关凭证。记录和凭证保存期限不得少于六个月。	□是 □否	1.0
	6.8	食品经营企业是否建立并严格执行食品进货查验记录制度。	□是 □否	1.0
	6.9	是否建立并执行不安全食品处置制度。	□是 □否	0.5
	6.10	从事食品批发业务的经营企业是否建立并严格执行食品销售记录制度。	□是 □否	0.5
	6.11	食品经营者是否张贴并保持上次监督检查结果记录。	□是 □否	0.5
特殊场所和特殊食品检查项目（19项）				
7. 市场开办者、柜台出租者和展销会举办者	7.1	集中交易市场的开办者、柜台出租者和展销会举办者，是否依法审查入场食品经营者的许可证，明确其食品安全管理责任。	□是 □否	0.5
	7.2	是否定期对入场食品经营者经营环境和条件进行检查。	□是 □否	0.5
8. 网络食品交易第三方平台提供者	8.1	网络食品交易第三方平台提供者是否对入网食品经营者进行许可审查或实行实名登记。	□是 □否	0.5
	8.2	网络食品交易第三方平台提供者是否明确入网经营者的食品安全管理责任。	□是 □否	0.5
9. 食品贮存和运输经营者	9.1	贮存、运输和装卸食品的容器、工具和设备是否安全、无害，保持清洁。	□是 □否	0.5
	9.2	容器、工具和设备是否符合保证食品安全所需的温度、湿度等特殊要求。	□是 □否	0.5
	9.3	食品是否与有毒、有害物品一同贮存、运输。	□是 □否	0.5
10. 食用农产品批发市场	10.1	食用农产品批发市场是否配备检验设备和检验人员或者委托符合本法规定的食品检验机构，对进入该批发市场销售的食用农产品进行抽样检验。	□是 □否	0.5
	10.2	发现不符合食品安全标准的食用农产品时，是否要求销售者立即停止销售，并向食品药品监督管理部门报告。	□是 □否	0.5
11. 特殊食品	11.1	是否经营未按规定注册或备案的保健食品、特殊医学用途配方食品、婴幼儿配方乳粉。	□是 □否	0.5

续表

检查项目	序号	检查内容	评价	分值
11. 特殊食品	11.2	经营的保健食品的标签、说明书是否涉及疾病预防、治疗功能，内容是否真实，是否载明适宜人群、不适宜人群、功效成分或者标志性成分及其含量等，并声明"本品不能代替药物"，与注册或者备案的内容相一致。	□是 □否	0.5
	11.3	经营保健食品是否设专柜销售，并在专柜显著位置标明"保健食品"字样。	□是 □否	0.5
	11.4	是否存在经营场所及其周边，通过发放、张贴、悬挂虚假宣传资料等方式推销保健食品的情况。	□是 □否	0.5
	11.5	经营的保健食品是否索取并留存批准证明文件以及企业产品质量标准。	□是 □否	0.5
	11.6	经营的保健食品广告内容是否真实合法，是否含有虚假内容，是否涉及疾病预防、治疗功能，是否声明"本品不能代替药物"；其内容是否经生产企业所在地省、自治区、直辖市人民政府食品药品监督管理部门审查批准，取得保健食品广告批准文件。	□是 □否	0.5
	11.7	经营的进口保健食品是否未按规定注册或备案。	□是 □否	0.5
	11.8	特殊医学用途配方食品是否经国务院食品药品监督管理部门注册。	□是 □否	0.5
	11.9	特殊医学用途配方食品广告是否符合《中华人民共和国广告法》和其他法律、行政法规关于药品广告管理的规定。	□是 □否	0.5
	11.10	专供婴幼儿和其他特定人群的主辅食品，其标签是否标明主要营养成分及其含量。	□是 □否	0.5

后 记

  《网络食品安全风险研究报告 2017》是由国家行政学院城市公共安全风险管理研究课题组与中南大学食品安全与政策分析研究课题组共同发起与完成的，这是 2016 年国家行政学院城市公共安全风险管理国家自然科学基金面上项目"基于博弈论视角的我国食品行业监管模型与机制创新研究"（71573281）的重要研究成果，同时也是湖南省社会科学成果评审委员会重大课题（XSP17ZDA011）的阶段性成果。我们非常感谢所有参与研究的学者和为这份报告提供帮助的有关领导和专业研究人员的积极帮助。

  参与《网络食品安全风险研究报告 2017》研究的团队成员以中青年学者为主，主要成员有熊寿遥、胡韩莉、易丹、王子彦、俞传艳、李青松、易超群、吴堪、余振宇、李业梅、杜志伟、周默亭、吴为铮、凌双、王远征、陈园园等。

  随着研究的深入，我们感受到了网络食品风险问题对人们生产生活的重要影响和社会各界对此事的高度关注。出于治学的责任感，我们尽可能地收集相关数据，力图向读者展示最客观且全面的网络食品风险状况。但是由于网络食品风险信息数据难以全面获得，部分数据的缺失使得我们难以有针对性地为公众解读其最关注的一些问题。在之后的研究中，我们会一如既往本着求真务实的向学之心，积极联系相关部门和关联企业，极力消除目前存在的网络食品风险信息不对称问题，架起政府、企业、消费者之间相互沟通的桥梁。我们也真诚地呼吁社会各界对本报告提出真诚的批评和建议，为提升报告质量，助推我国职能部门决策方式转变和决策水平提高作出应有的贡献。

  《网络食品安全风险研究报告2017》由中南大学曹裕副教授牵头撰写。曹裕副教授及其研究团队主要负责报告的整体设计、大纲修正、材料收集、数据分析以及报告撰写。

  感谢佘廉教授对我们研究工作的关心与支持，佘廉教授一直嘱咐我们要本着概述全貌、突出重点、数据求真、面向公众的原则来完成这份报告，并担任报告主审。研究团队再次对佘教授表示由衷的敬意。

  同时，我们要感谢参与本报告问卷调研的本科生，以及所有为报告提供帮助的相关单位和个人。

  感谢中南大学和中国应急管理学会对研究过程中给予的帮助与经费支持。感谢国家行政学院等为出版报告所付出的辛勤劳动。

  需要说明的是，我们在研究过程中参考了大量的文献资料，并尽可能地在文中一一列出，但也有疏忽或遗漏的可能。研究团队对被引用文献的国内外作者表示感谢。

曹 裕

2017 年 9 月于长沙